男人这种人

在绝望中寻找希望的男性学

[日] 田中俊之 著
张秋旻 译

海峡出版发行集团 | 鹭江出版社
THE STRAITS PUBLISHING & DISTRIBUTING GROUP | LUJIANG PUBLISHING HOUSE
2017年·厦门

前言

停下你们的脚步，暂且冷静一下吧

“请你先冷静下来。”

本书想讲给这世上男人听的话，可能一言难尽。如果你是男性，请把它讲给自己听：“好，冷静下来吧。”如果你是女性，请把它讲给身边的男性听：“总之，先冷静下来吧。”活在当下的男性，得有能停下脚步的勇气。

许多人在生活中都怀揣着模糊的不安。不管身处哪个时代，人人都是如此。但是你感觉到了吗？某个崭新的事物出现了。源源不断地出现在市面上的书籍，书名中多有“生活真难”“活下去”“幸存”等字眼。

现代社会正在不断发生变化。不断加深的国

际化、逐渐扩大的贫富差距、糟糕的劳动环境以及复杂多变的人际关系……现代社会的特征不是流动的，而是液化的。虽然我们不知道社会将会变成什么样子，但是可以肯定的是，前景不明朗。在这种状态下，人们都会惴惴不安，会去寻求能令自己心安之物。

在堆积如山的社会问题中，近几年“男人之难”开始引发关注。本书也将关注点放在男性的难处之上。

在2007年的TOYOTA MARK X①广告中，有这样一句台词：“还是想在男人们的正中间啊！”在广告宣传片中，有人对佐藤浩市②提出忠告：“考虑部下当然很重要，但你太过温柔了。”佐藤浩市自言自语：“我会按照我的方法来。”他紧握方向盘，潇洒地驶过大桥。这种能认真关照部下，同时绝不动摇自己的坚持，也非常可靠的男人，正是男性理想形象的一种体现。

但是，这种男性就是“在男人们的正中间”的吗？坦率地讲，困扰当今男性的，正是不知道男人们的正中间在哪。不论怎样，在失去方向感的时候胡乱地继续前进，都是危险的。因此，现在请各位男同胞停下你们的脚步，暂且冷静一下吧。

---

① 日本汽车品牌丰田的一款车型。

② 日本著名男演员，曾获得多项日本演艺界大奖。

是什么令男人如此不安？

在大学时，我的朋友大都开始四处求职。我为了考研，一直进行着应试的学习。虽然顺利入学，但是从那时开始到接近30岁，我一直过着学生生活。老实说，那时的我非常不安。

因为我认为，从学校毕业后，成为正式员工、结婚、养家，工作近40年后退休，才是一个“普通男人”的生活方式，而我没有那样做。但是环顾四周，不只我这个“万年学生”才有这样的烦恼。

在经历了泡沫经济及雷曼事件后，男性的平均年收入正大幅下跌。过去的代表性产业，比如制造业及建筑业等出现衰退迹象，不少男性失去了工作。此外，年轻一代男性不安定的工作方式也有很大问题。至今为止，男性的人生都如同独木桥：毕业—就职—结婚—退休。日本的现状是，走这种独木桥是社会地位较高的象征。大部分男性根本就无法实现之前所想的“普通”“理所应当”的人生，这才是他们觉得“活着真难”的根本原因。

在绝望中寻找希望的男性学

男性要在以后的时代里生存下去，就必须重新制订生活计划。关于这件事情，束手无策的男性，有一门学问可以帮到你——男性学。男性学的研究对象，正是男性的问题与烦恼。

可能大家没听说过男性学。它在20世纪80年代后期的日本开始引发争论，至今已有30多年的历史。

男性学是受女性学的影响而成立的。女性学是将女性怀揣的问题与烦恼作为研究对象，继而展开研究的一门学问。比如在结婚与生育的时候，女性必须考虑是否应该继续工作。可以说，这是女性独有的“女性问题”。

而男性在结婚及孩子出生以后，是不能辞职的，因此他们会感到极大的压力，这就成为男性独有的“男性问题”。在日本，由于男性与工作结合得过于紧密，因此在二者的这种关系中，正在酝酿着过度工作与过劳死等较多的男性问题。

可能很多人都不知道，自杀人数中的男女数量差别是很大的，这就是一个典型的“男性问题”。结婚难、御宅族歧视等也是较常见的男性问题。我基于男性学的角度，从读研究生时期到现在的这十几年里，一直在对上述问题进行研究。

在这段时间里，我并不是一直都把自己关在研究室里。在这个名为大学的职场环境里，我可以近距离地接触到令很多成人都敬而远之的年轻人。同样都是男人，世代①不同，价值观也有极大的不同。

人们惊叹于年轻男性的“远离××现象”，并将他们命

① 世代是日语中的专有名词，比如90后被称为“90世代”等。

名为有趣又奇怪的“××一代”，即使如此，男性的变化还是很令人费解。我想拿出针对大学生的调查所得出的数据，同时从男性学的观点出发，为大家解说不同世代的价值观。

长期以来，我一直负责举办以男性为对象的市民讲座。十年前来参加这种讲座的都是很闲的退休人士，最近几年，开始有30岁到40岁的男性来参加了。也许可以说，现在增加了很多体会到“活着真难”的男性。

对之前通过大学课程及市民讲座培养出来的男性而言，本书为了使他们更容易地生存下去，准备了许许多多的点子。

虽然以前的做法现在已不再适用，但我们光叹气是没用的。你嘟囔着“过去可好可好了”，事态也不可能变好。那就让我们通过男性学，一起思考新的男性生存之道吧。

阿寅回来了

“我成长在东京葛饰区的柴又。姓车，名寅次郎，大家都叫我疯疯癫癫的阿寅。”这令许多人记忆犹新的自我介绍，出自于电影《男人真难》[①]中的寅次郎之口。该系列电影的第一部于

① 又名《寅次郎的故事》，是目前世界上最长的系列电影。影片讲述的是一个热爱家乡却四处流浪、频繁失恋的浪子闲人寅次郎的故事，该系列电影以轻松有趣的人物和剧情，生动地展现了真实的生活，展示出日本美丽的自然风光和人文风光。

1969年上映，到1995年的《寅次郎的故事——寅次郎红之花》[①]为止，26年内共有48部电影问世，是照耀日本电影史的名作。

这里的“疯疯癫癫”形容的是没有固定工作、整日无所事事的人。在现代日本，父母最希望孩子从事的职业是公务员，因此有很多人甚至投诉该系列电影：“会对教育产生不好的影响！”“不能给孩子看！”特别是在现代，如果成年男性在毕业后，没能成为正式职员，他就会感叹道：“人生完了。”社会毫不留情的一面确实令人讨厌。

这些暂且不论，2014年，阿寅回来了。确切地说，是“男人真难”这个标题回来了。2014年7月，NHK[②]的《特写现代》栏目播放了一期名为《男人真难2014一千人的“心声”》的节目。节目开头提出的数据显示，男性的幸福感比女性还低。

在同年的《AERA》[③]9月1日号中，刊登了一期大特辑——男人真难。特辑的开头这样写道：“工作、家务、育儿，不可能全都完美啊！”文章涵盖了价值观、生活方式、家庭、夫妇、教育、育儿等内容，真不愧是大特辑，内容可谓丰富多样。由此我们可以充分了解到，活在当下的男性怀揣的烦恼，是多么的复杂。

---

① “男人真难”系列的终结之作，导演为山田洋次。

② 日本放送协会的简称。

③ 日本杂志名。

刚刚我提到，不是所有男性都能沿着“毕业—就职—结婚—退休”的道路走下去的。如果一个男性不是公司的正式职员，他能获得认同吗？现在还是未知数。男学生为了不成为自由职业者，拼命地求职，如果男性到了中老年还在打零工，比如在超市收银，人们就会对其报以同情。

甚至就算当上了正式职员，仅仅拼命工作也是远远不够的。现在“奶爸”这个词正流行，要当个奶爸，得一边作为正式职员工作，一边处理好育儿等家事。人们制造出与现实相差甚远的理想男性形象，更会增加男性的“生活之难”。

能品出不同的男人会沉默地喝啤酒吗？

我生于1975年。那个时代的夫妻，多为上班族与职业主妇的搭配，夫妻俩都上班的很罕见。当时的日本还是有很多孩子的，现在的少子化简直像个梦一样。

在我出生的五年之前，也就是1970年，有个广告颇为流行，其中有一句经典广告语：“男人就要沉默地喝札幌啤酒。”这句广告语直到现在仍家喻户晓。在广告中登场的三川敏郎[①]一句话也没说。他打开啤酒，倒进玻璃杯，一口气喝光了。

可是，如果有个这样的老爸在起居室里喝啤酒，就一点都

① 日本老牌电影演员。

不让人觉得轻松。就算孩子想要3DS[①]和妖怪手表[②]，对老爸恳求说“别人都有嘛”，老爸也绝对不会给他买的吧。这个广告能让人感受到强烈的男人气息，但是毕竟已经过去几十年了。现在一到周末，公园里就会有很多温柔的爸爸和孩子一起玩耍。

在初中一年级之前，我一直生活在“昭和时代”[③]里，顽固老爸确实已经消失了。我也只能凭空想象顽固老爸的样子，关于这种老爸的印象，最多也就是像重播的《巨人之星》[④]里的星一彻。

实际上，在“男人就要沉默地喝札幌啤酒”之前，就已经出现了经典广告语，并且直到现在仍没过时，那就是“能品出不同的男人拥有的金牌”。这个广告最初由电影导演松山善三执导。在2010年的广告中，大泽隆夫[⑤]作为“能品出不同的男人”飒爽登场。

为什么“能品出不同的男人”的人气直到现在都无法撼动呢？用一个词概括的话，就是“卓越性”。无论是过去还是现在，男性都在追求领先别人的优越性。因此“沉默地喝札幌啤酒的男人”变少了，“能品出不同的男人”得以幸存。

---

① 指任天堂3DS便携式游戏机。

② 非常受欢迎的3DS游戏，剧情是以潜伏在日常生活中的妖怪们为主题开始的新冒险。

③ 日本年号，时间为1926年12月25日到1989年1月7日。

④ 日本风靡一时的棒球动漫名作，影响了一代日本人。

⑤ 日本著名型男演员。

我们没有必要战斗 24 个小时

1989 年在“Regain”牌营养饮料的广告中，出现了一句至今仍流传甚广的广告语：“你能战斗 24 个小时吗？”时任三郎[①]在里面扮演了一个满世界奔波的商务人士。

人类为了活下去，必须要睡觉。“你能战斗 24 个小时吗？”对这个问题，当然只有“不能”这一种回答了。当时的日本社会正处于经济泡沫之中，不可能有人连这种事情都不懂，浑浑噩噩地过日子吧。但是我们能由此明白，当时的人们确实有钱有闲，也开得起这样的玩笑。

时间走过了 25 年。2014 年，“Regain”牌能量饮料问世。这种饱含沧桑感的营养饮料已经过时了，现在正在流行以红牛为代表的功能饮料。

在广告中，红牛用“24 小时的战斗太累了”来否定过去的台词，它轻描淡写地问道：“能战斗三四个小时吗？”上班族一天最少要工作八个小时，“三四个小时”岂不是太短了！

并且在最后一个画面里，“砰”这个字在画面中无限延伸。虽然我不明白这个词出现在这个画面里有什么含义，但是可以确定的是，人们喝完它，都变得神清气爽。

红牛是功能饮料的代名词。在酒吧或者俱乐部里，有时人

① 日本老牌艺人、歌手。

们也在杜松子酒与伏特加里兑入红牛，制成鸡尾酒，还挺时尚的呢。如果说营养饮料的效果是“注入干劲”，那么功能饮料的目的就是“调动情绪”。两者所追求的东西还是有很大不同的。

上班族喝着营养饮料，咬紧牙关不分昼夜地工作的样子，一点儿都不潇洒。各位男同胞，战斗已经结束了。我们没有必要面对着悬崖大喊“加油！冲啊！”绕开悬崖走不就好了。

SMAP[①] 时代的到来

现在人们普遍认同的男性标准里，有一条是“比别人优秀”。从沉默寡言的顽固老爸时代到现在，男性的形象在不断变化。那么具体都有什么样的变化呢？

能够明确体现出这种转变的，是 1991 年出道的组合 SMAP。不言而喻，SMAP 是国民偶像。出道 20 多年，他们的人气仍旧居高不下。

为什么人们能一直热爱 SMAP 呢？因为他们的魅力是一言难尽的。那就让我们从人气娱乐节目《SMAP × SMAP》的构成，来探寻 SMAP 受欢迎的秘密吧。

《SMAP × SMAP》的第一期于 1996 年播放。节目由 SMAP

---

① 日本国民偶像团体，隶属于杰尼斯事务所，成员有木村拓哉、中居正广、稻垣吾郎、香取慎吾、草彅刚。2016 年 12 月 31 日正式解散。

五位成员共同主持。节目内容以气氛良好的BISTRO料理、不计形象的短剧表演以及片尾歌曲演唱和歌手访谈为主，还有各种有趣的游戏竞争和明星访问等。

SMAP有一个很明显的特点，那就是有趣。出演搞笑节目、表演短剧的偶像并不少，但是SMAP只靠他们自己，就能演绎出足够搞笑的短剧。

SMAP还有一个吸引人之处，那就是他们在节目中展露的“料理的本领”。其实在第一次的节目中，他们要做旧式咖喱，但有的成员甚至连刮土豆皮都不太会，还得请嘉宾大原丽子教他们做饭，放到现在绝对无法想象吧。

SMAP看上去十分完美，实际上他们也需要通过做节目而成长，能胜任一切的全能型偶像就此诞生。

如果要总结SMAP的魅力，应该是“帅气、能歌善舞、会做饭、温柔并且搞笑”。1999年出道的岚[①]正是SMAP的正统后继者。

对一般的男性来说，事态已经非常严峻了。当然，我们既不是SMAP的成员，又不是岚的成员。可能只有极少数的男性被幸运女神眷顾，能生来长得帅气，但就算这样也远远不够。

---

① 1999年出道的杰尼斯事务所旗下的偶像团体，由大野智、樱井翔、相叶雅纪、二宫和也及松本润组成，音乐DVD销量位居日本历代第一，并于2010年至2014年连续担任日本红白歌会的主持人，2010年起担任日本观光形象宣传大使。

男人哟，面对自己的时候到了！

理想的男人形象与现实男性的反差，似乎正前所未有地扩大着。找出原因并不难，但是关于男女的议论大多会变成无休止的抬杠，真的毫无意义。

比找原因更具建设性的，是男性能直面自己的问题，不再虚荣，从拘泥的生存方式中挣脱出来。改变社会的存在方式与别人的想法很困难，靠自己的意志修正自己的价值观与行动则是可以做到的。本书的看法，就是希望大家都去做自己能做到的事情。

本书第一章将简单介绍男性都怀揣的问题与烦恼，可不是你吐槽“能一概而论吗”的时间。只有靠这种讲道理的态度，才能展开“问题”这个话题。

当然我们不是单方面断定男人就要这样或那样，而是说，男人有这样或那样的倾向，因此要留意相关的事物。

从第二章开始，我们将把焦点放在工作、家庭、兴趣等方面。日本男性总是全力投入工作，因此希望各位在阅读本书的过程中，能注意到家庭与兴趣，慢慢扩大自己的视野。

现在，男性正处在失去生存方式地图的状态，大家肯定都会感到不安。但是，你也可以这么想：自由生活的机会终于来了。让我们一起迈出这崭新的一步吧。

目录

第二章 工作真难

第三章 结婚真难

第四章　价值观的不同真难

第一章

为什么男人会出问题呢？

男人生来就要竞争

大家都曾在童年时拥有过怎样的梦想呢？著名的学生书包原材料生产厂家可乐丽株式会社就在 2014 年对小学一年级新生进行过一次调查。调查结果显示，在男生将来想从事的职业中，排在第一位的是运动员（22.6%）。女生最想做的事业则是开面包店、蛋糕房或甜点屋（29.0%）。无论是过去还是现在，小孩子的梦想总是相似的。

除此之外，飞行员和医生等社会地位高的职业，在男孩子们心目中同样拥有不可撼动的地位。女孩子们则热衷于保育员、护士等能够照顾别人的职业。值得关注的是，电视节目及动漫中的角色在男孩将来想从事的职业中排名第四。我们似乎可以想象到，父母带着微笑听孩子说道："要是能成为假面超人[①]就好了。"小学一年级的孩子还处于比较稚嫩的阶

① 由日本东映株式会社制作的日本特摄系列英雄故事，在日本小孩中拥有很高的人气。

段，而男女的区别单从他们想从事的职业上就能如此清楚地展现出来，不由得令人兴趣大增。

人们总是期盼着男人能够在与他人的竞争中大获全胜。因此，男人是“被迫”去憧憬那些社会地位很高的职业。与此相反，人们希望女人能够与他人愉快地相处，并可以给予他人帮助。因此，女人也是“被迫”认为自己适合从事照顾他人的工作的。社会对男女期待的不同，如实地反映在了调查结果中。

该调查还对父母希望孩子从事的职业进行了提问。女孩子的父母最希望女儿能成为护士，看来孩子的梦想和父母的希望大致吻合。但是男孩子就不一样了，在男孩子父母希望儿子从事的职业中，排在第一的是公务员。可以说，父母希望一年级的儿子在将来能够取得安定的“成人的胜利”。

那么，成为电视节目和动漫中的角色的梦想为什么不见了？在儿子说想成为假面超人时父母所露出的微笑，难道都是假的吗？让我们想象一下进入求职阶段的儿子与父母之间的谈话吧。儿子说：“成为假面超人一直是我的梦想，所以我还是想成为假面超人！”父母绝对会当场怔住。就算孩子想当运动员，反对的父母也绝对不会少，因为运动员的未来太过缥缈。

男人自小就被教导要拥有“远大的梦想”，他们都是抱着野心成长起来的，因为只有竞争才是男人们生存下去的基本准则。但是，人不可能永远不败。人人都期望男人们最终能获得这种安定的“成人的胜利”，因此在不久的将来，他们就会不得不舍弃自己远大的梦想。当在战斗中一败涂地，又失去了梦想的时候，男人们还剩下什么呢？

竞争结束后留下的东西

留给男人的，是虚荣心。从小竞争到大，导致好面子的性格在男人们的身上已经根深蒂固。人们常说男人自尊心很强，其实这是错误的，我们有必要明确区分开虚荣心和自尊心。

自尊心是指人们在成功后，怀揣着自己的成果继续努力下去的一种情感。在人生路上，人们有可能不断碰壁，也必须反复琢磨，这样才能继续前行。只有在以努力为前提的基础上，自尊心才能成立。要想拥有自尊心，关键在于不与他人作比较，能够正确接纳自己的优劣得失。无论男人还是女人，为了生存下去，都必须拥有能从内部支撑自己的自尊心。

虚荣心则是一种过于在意别人的眼光，只顾着修饰自己的外表的态度。虚荣之人永远无法从与他人作比较中自拔，他们总是希望自己能在竞争中取胜。因此，好面子的男人总是会藐视别人。

“那家伙工作做得不行（我工作做得好）”“那家伙是个矮子（我可高了）”“那家伙是个秃子（我的头发很浓密）”，等等，就是典型的虚荣心。我们也经常能在网上看到很多过分的错觉，比如“媒体都是蠢蛋，知道真相的只有我一个”……

首先，这种男人的态度会给被藐视的一方带去困扰。其次，男人为了追求虚荣心，会做出一些无谓的牺牲。最后，虚荣心对藐视他人者本身也绝对不是什么好事。人不可能永远立于不败之地，你蔑视别人，很快这蔑视就会报应到你身上，因为世界上并不存在“工作能力强、个子高、头发浓密、比媒体还擅长收集信息”的优秀男人。

在意气用事中诞生的悲喜剧

男性的虚荣可以说是毫无益处。遗憾的是，几乎没人从正面议论男性问题。因此在生活中，大多数男性都没有意识到自己的难点在哪里。

被虚荣禁锢的男人们，一旦突然因某事相遇，彼此都意气用事，就会引发一场悲剧。在电车里或者车站内，我曾目睹肩膀碰肩膀啊、踩到脚啊之类的纠纷。只要说声“不好意思”“不，是我的错”，就万事大吉了。如果当事人都觉得“我可不能被小看了”“先道歉的就输了”，互不相让，矛盾就会升级。

前几天的一个早上，我搭乘通勤电车前往大学时，目睹了一场上班族与男学生的争吵。当事人之一的高中生嗓门太大了，因此引起了我的注意。

“是上班族就好好去工作啊！”

“是学生就好好去上学啊！”

他们是在相互助威吗？如果是这样的话，他们可真有闲心啊！当事人应该是在认真对骂，可内容实在是滑稽。吵架会让人的心情从早上开始就焦躁，只会让人丢脸，所以还是别做这种事比较好。

无聊的意气用事如果发展成暴力，可就不是笑着能解决的了。这就已经不是喜剧，而是悲剧了，也就不再是个人问题了。车内的纠纷导致电车延迟，会给非常多的人造成困扰。

希望各位男性遇到这种令人上火的事情时，能进行冷静的判断，然后再采取下一步行动。

四目相投就报以微笑运动

电车内虽然不常有争吵这种夸张的事情，但现在男性之间的某种战斗仍在进行着，那就是互瞪。

在 1949 年出版的三岛由纪夫《假面的告白》中，曾有过这样的描写：

> 由于幼年时期的体弱多病，备受溺爱，我成了一个害怕正面抬头看别人脸庞的孩子。从那时开始，我开始信奉“必须变强”的准则。为此，我开始在乘电车的时候训练自己——盯着乘客的脸看而不管对方是谁……如果对方别过脸去，我就觉得自己赢了。

本以为互瞪只是不良青年的拿手好戏，没想到它的历史竟然如此悠久。为了给这段无聊的历史画上终止符，我设计了一个“四目相投就报以微笑运动”。

“四目相投就报以微笑运动”是指如果你在电车内或者其他地方被别人怒视了，我建议你对他报以微笑。这项运动的要点就是要在男性之间进行。因为男性对于对方是否喜欢自己，常常会有错觉。但是请注意，如果对女性做这种事，对方会觉得你在跟踪她。

那么，各位男性，如果有人突然开始怒视你，首先冷静下来，深呼吸一下，然后开始对他微笑。就这么简单。

然后会怎样呢？对你怒目而视的人会觉得“哇，好恶心……”几乎百分之百会自己移开视线。如果每次四目相对时男性都能微笑的话，社会会变得比现在更加和谐，男性也可以生活得更顺心。

有攻击性的男性也有弱点

电车里是男性最易产生无聊、虚荣与意气用事情绪的地方。有时在电车上我们能看到有的男性坐在座位上，双腿大开，一个人占了两个人的位置。每次看到这种男性，我的脑海中都会浮现出一个很大胆的想法:“如果他的拉链开了，该多好玩啊！”

把别人的座位也坐了的男性，总是摆出一副得意扬扬的样子，可能是对自己的外貌和臂力很有自信吧。对他们来说，在拥挤的车厢里，身旁没人坐是件值得自豪的事。在别的乘客看来这是令人恼火的场景，但是你想想看，对当下生活十分满足的男性，怎么会这样胡来呢?

这种人对自己在社会上的地位以及日常生活愤懑不平，此时出现了能供他们发泄的场所，因此他们这种占着两个座位的行为，就是在强撑着意气用事。这份努力可真令我“感动”啊!

如果有比自己弱的男性坐在身边，他们就会对其进行恐吓。虽然不会说“你这家伙干吗！”基本上也会摆出这种表情。

但是，如果身旁坐着明显比自己强的男性，他们就会老老实实地缩在座位上。

习惯于采取攻击性言行的男性，并不是对谁都是这种态度的。发泄不满的最简单的方法就是使用暴力——他们会选择自己能战胜的对手。

虽然这么说，但是不论社会地位的高低，总会有用高压态度去恐吓别人的男性。政治家尤为典型，对于对自己不利的质问，他们选择避而不答，恫吓记者使其闭嘴。如果直属上司是这种类型的人，部下真的会非常困扰。总之，这些人就是不懂得倾听。

由于这种男性的社会地位较高，无法让人觉得他们对工作抱有不满。他们之所以无法游刃有余地与周围人相处，实际上是因为他们对自己的言行没自信，内心存有弱点。

大家都一样，在反复摸索后，会对自己的工作产生成就感，不管周围的人对自己如何评价，自己对自己的评价都不会变，如此一来反而能够认真倾听别人的意见。

与此相反，你越对自己的工作没有自信，就会越在意周围人的评价，别人提意见的时候会想反击。在与他人对话时，对自己的言行没有自信这一点会暴露无遗。因此，你只能利用自己的地位，用威压的态度令对手沉默。

甚至可以说，越是具有攻击性的男性，越过度地恐惧被人窥探内心。如果不与对方保持一定距离，他们就无法保持自我——“自信满满的男人”。这类男性正因为内心有弱点，才会表现出攻击性的态度。

有种病叫作男人必须要变强

具有攻击性的男性被孤立，是自作自受。就算他们在走投无路不得不求助时，也会展现攻击性的态度，不懂得倾听别人的声音。因此我们容易分辨出谁是这种类型的男性……我们必须关注的，是那些一本正经的男性。

心理咨询师泰伦斯·瑞尔提出了这样的主张："男性抑郁症的讽刺之处在于，导致抑郁症的原因，令病人无法直视病症。"他的话有些晦涩难懂，那么让我具体地解释一下。

一本正经的男性容易感受到压力，因为他们觉得自己"必须活得像个男人"，因此在不知不觉中就会把自己逼入绝境。就算他们产生了烦恼和问题，也会坚持这种想法。

"男人必须要变强""是男人就得直面困难""男人就算碰壁，也要独自克服"。他们诚实勤恳，努力活得"像个男人"，为会不会给周围人带来困扰而独自烦恼。

这种男人如果走投无路，无论是家人还是同事，都不会注意到他的异状。因为认真的男性不管在什么情况下，都会努力做事，和平常没什么不同。

“必须活得像个男人”，这种压力会演变成心理负担，情况会变得更复杂，因此他们会把自己被逼向绝路的事隐藏起来。并且，泰伦斯·瑞尔警告人们，如果这种精神层面过于困难的状况持续下去的话，会有导致抑郁症的风险。

谁都不能默默地解决工作中的烦恼与家庭的问题。整个组织一起行动才是工作。家人们一起组建的才是家庭。一个人默默承受一切，无论是对自己，还是对周围的人，都没有好处。

当然，做任何一件事情，都不能轻易放弃。无论男女，要想战胜困难，都需要努力与毅力。但是，对努力与毅力都不能克服的东西，我们也没必要坚持“我是男人”的想法。

为什么男性不能叫苦呢?

“男儿有泪不轻弹。”在过去的日本，确实曾存在这种价值观。但是，从“男人就要沉默地喝札幌啤酒”的时代开始，男性形象一直在变化。不信你看，SMAP 的特征是帅气、能歌善舞、会做饭、温柔，并且搞笑。

在当下这个时代，男性将喜怒哀乐表现在脸上，已经不再是一件羞耻的事情了。原本我们就会以正常的频率挥洒“男儿泪”。高中的棒球少年不论胜败都会哭泣，并且还是号啕大哭。

我见过一位 30 多岁的男性，伫立在人行道上，双眼满含热泪。就算我是专门研究男性学的，平常就主张“男人可以挥泪”，在看到一身西装打扮的他时，也会有点担心他到底怎么了。

过了一会儿，一名抱着小婴儿的女性从停在路边的车内下来了。原来，这天是婴儿出院回家的日子，因此父亲感动得在路旁流泪。

你不觉得这个故事很棒吗？男性也是被世人允许为运动而哭，为家人流下热泪的，并且这样做反而会提升他人对自己的好感度。

另外，还存在着不被允许的眼泪。比如“打针好痛”“工作好难”“老婆好可怕”，等等。总而言之，男性“泄气”般的眼泪是不被允许的，这可不是单纯的男性虚荣问题。现代社会还不允许男人因为窝囊而流泪。

另一个男性不能叫苦的原因，就是男性的个人问题。在某种意义上，“合理”的思考方式，阻碍了男性坦率地叫苦。

就算你跟别人说“上司很讨厌”，上司又不可能从明天开始在世界上消失。就算你跟同事感叹“老婆只给我两万日元的零花钱”，下个月还是只能从她手上领到这点钱。

既然烦恼的原因无法消除，那么大多数男性就会觉得，商谈是没有意义的，这很“合理”。但是，尝试打破自己的外壳去与他人商量后你就会明白，坦白自己的烦恼，会比想象中更痛快。

男性必须明白，别人也会担心自己。因此与别人分享烦恼的效果，会比想象中好得多。单凭诉苦，就能让自己变得轻松，这比一个人默默承受好多了。

女性口中的“好厉害”隐藏的含义

各位女同胞，你们是不是听过来自男性的“迷之吹牛”？如果对方是大学生，那就是“昨天我没睡”或者“从早上到现在，我只吃了口香糖”之类；如果对方是中老年男性，那就是加班或者运动，甚至自己不够健康的话题。真让人一头雾水。

在这种时候，女生很容易不由自主地说出“好厉害”。环境将女性培养成可以圆场的人，女性会觉得，说“好厉害”就可以圆满收场。因此，女性容易成为男性吹牛的对象。

我在大学里教授《性别论》这门课，因此从性别论的立场出发，我在讲义中向学生们传达了这样的话：“女性会无意义地吹捧男性，所以男女平等永远无法实现。”有学生在反馈表上写下了这样尖锐的点评：“老师，您说我们不能对男性说‘好厉害哦’，可女性所说的‘好厉害’，只是‘笨蛋’的省略罢了。我们女性想向男性传达的是：‘好厉害（笨蛋）。’”

我读了她的点评，悚然一惊。如果有人对男性说“好厉害”，男性的心情会变得很好。但他只是被耍了而已，真是可怜啊！

我不喝酒，也不擅长应付第一次见到的人，所以不明白男性去夜总会之类的地方意义何在。但是，通过这个女学生的点评，我明白了他们这样做的理由。男性付了钱，让女性倾听自己“吹牛”，对自己说“好厉害”，他们可以因此获得好心情。

“没有睡觉的我”真的厉害吗？

对男性来说，有两种展示男子气概的方法。一种是“达成”。工作成功，有钱有权，提高体育运动的成绩，或者学问上取得成就等。社会上能体现出男人价值的竞争中，男性一旦“达成”，取得胜利，就能证明自己的男子气概。

但这不是谁都能做到的。只有极少数的男性能通过“达成”某件事来证明自己的男子气概。因此，大多数无法做到“达成”的男性，会试图隐藏自己的自卑感，通过“背离”来展示男子气概。

我们应当为了健康而吃早饭，并且对于维持生命来说，保证充足的睡眠也很重要。宣称自己“没睡”“没吃早饭”的男性，向周围的人宣扬的男子气概是：“我可是能‘背离’规则的。”男性的自吹自擂不绝于耳，他们通过“背离”来证明自己的男子气概。如果“没睡觉”是一种自夸，只能说这会损害健康，我们不接他的话茬儿就可以了。问题是那些用“背离”证明男子气概的事情，会给周围人带来麻烦。

2013年夏天，一场通称为“笨蛋推主”的推特论战[①]爆发了，这是自夸“打破规矩的我真厉害”的典型例子。有人躺在便利店冷冻冰糕用的冰柜里，有人把脸贴在比萨店要外送给客人的刚烤好的比萨上……

论战的当事人中，只有几位是女性，其余都是男性。他们所做的蠢事，是将自己的愚蠢行为拍下来，将照片上传到推特。因为人们发推特的目的是被转发和点赞，所以他们是在为自己的“背离”行动之厉害，寻求世人的赞同。

我们应该采取这样的对策：让他们清楚地知道，用“背离”来证明“男子气概”，不仅毫无价值，而且会对他人造成困扰。我认为比较有效的手段是，在遇到这种情况时，各位女同胞不要省略“好厉害”后的那句“笨蛋”，而是要清楚地告诉对方：“你是个很厉害的笨蛋。”

① 在社交网站推特上，许多人为了证明自己不会循规蹈矩，上传了很多没有常识的照片。

自己很优秀的错觉

有一种男性，不自夸“背离行为”，而是借由蔑视和批判他人来证明自己能力之高。明明他们什么都没“达成”，还觉得自己“达成”了某事。

研究生时期的我就属于这个类型。明明没写出什么厉害的论文，还跑去批判著名教授写的文章，好像自己高人一等似的。自己的实力并不强，却深信自己写不出好论文，原因在于自己正处于低谷。

有一次，在读一本关于如何写论文的书时，“批评一篇文章，与实际写一篇这个水平的文章是完全不同的”这句话映入了我的眼帘。我终于恍然大悟，我不是处于低谷，而是没有写论文的实力。

网络在大众中得到普及，现在无论各位身份如何，都可以各抒己见。大部分的人都能成为散发信息的主角，这是一件很好的事情。只不过在电影和书籍的评论中，自己是否感兴趣成了很多人夸赞或者否定作品的理由，这种现状让我觉得非常惋惜。

谁都想在年轻时尝试一下装腔作势。也许你曾憧憬过在电视节目中登场的评论家，他们可以滔滔不绝地评论种种社会现象。我们需要明白，正儿八经的批评家，都拥有卓越的学识及与众不同的视点。

如果不读书也不看新闻，只靠学习他们的动作就能得到满足，就会令别人产生困扰。有的男性养成了一种习惯，就是无论看到什么都一味地否定，说“没什么了不起的”。这种人首先应该学会承认别人的“达成”。

有人批判到，专业运动员在击出全垒打①，或者在进球的时候，会摆出一副得意的样子。在严苛的运动世界里做出一番成就，摆出“我厉害吧”的表情，有什么问题呢？我们需要坦率地承认别人的“达成”。

我更希望大家牢记，通过蔑视别人来抬高自己，并不能改变自己的实力。我们要保持冷静与谦虚，正确估量自己的实力。就算事情的进展不尽如人意，你现在也不是处于低谷，

① 棒球术语，指打球者环绕所有垒包一周的安打。

也不是不被命运眷顾，只是单纯的能力不足而已。

别怪我啰唆，忙于批评别人的男性，最大的问题在于，他们最终会一无所获。借用篮球漫画《灌篮高手》中安西教练的话来说："真是没有长进……"让我们在絮叨别人之前，先正视自己吧。

努力解决问题的男人，寻求共鸣的女人

我已经列举了很多类型的男人，比如高压态度的、责备自己的、只会批评的，等等。可能有人会笑着想："我哪个都不符合。"我想请全部男性认真听我讲，有不少男性对自己的交流能力充满自信，但是，也有许多男性持有不同的自我评价，交流能力很低。

打个比方，各位男性，如果妻子跟你说"孩子成绩下降了"，你会怎么回答呢？

丈夫的典型回答是："那就让他去补习班呗。"好像大家都不明白这个回答哪里不好，那就由我来解说一下吧。

语言学家狄波拉·坦嫩就男女交流方式的不同，提出了一个观点，他认为女性对于男性只关心解决问题感到愤慨，男性对于女性只发牢骚不解决问题感到生气。

人们教育女性要懂得"协调"，能以与别人引起共鸣为目的进行交流。因此妻子所希望的，是丈夫展示出理解，能说

出“我明白你担心孩子的心情”与“这确实很棘手啊”之类的话。

男性从小就被教育要懂得竞争，因此他们很难将沟通当成解决问题的手段。因此，当妻子说“孩子成绩下降了”时，丈夫会说：“那就让他去补习班呗。”

不能简单地说这是男女意见的不同。虽然男性的回应令对方失望，但如果烦恼得以解决，他们就会产生优越感。

从女性的角度出发，一场事与愿违的谈话结束后，自己如果被对方看轻了，是绝对不能忍受的。

将人与人联系起来的，不只是语言，姿势和手势也能传达彼此的想法和感情。正确接收所有的信息，理解对方的意图，是件很困难的事情。所以从小大人就教导我们，要认真听别人的话。

在此意义之上，最糟糕的就是“驳倒”对方。我曾见过有的男性单方面地喋喋不休，沉醉在驳倒对方的快感中。也有憧憬并称赞拥有驳倒他人的说话能力的男性，他们的交流能力是有多低啊。他们甚至都没明白，“一直得让我来讲”这种讲话方式连交流都算不上。

对待这种男性，必须得让他们找回在幼儿园学到的基本交流能力。如果你想提高交流能力，应该做的不是磨炼说服对方的“谈话能力”，而是要掌握听取对方发言的“听话能力”。

失去的“普通人生”

到现在为止，我光忙着批评男性了。这并不是说我因批评男性而感到心满意足。我将他们说得一无是处，可是有正当理由的。接下来，我将认真进行说明。

我曾在本书的开头讲到，男性难以生存下去的原因是，经济状况的变化使他们难以维持曾经“普通”的生活。并且我还指出，男性从小就被置于竞争之中。

在经济不断发展的时代里，促进竞争的“煽动”卓有成效。20 世纪 50 年代，也就是在我出生之前，以“成功”为主题的书籍不断出版，赢得了众多粉丝。20 世纪 60 年代到 70 年代，城市和农村，白领和蓝领，各种各样的经济差别都在不断缩小。

就算存在一定的贫富差距和企业间的差距，多数人还是觉得，只要过上“常人”的生活，自己就算成功了。夫妇加两个孩子的“普通家庭”模式，也是在这个时期扎根的。

在此之前，人们认为，“普通”的男性，应该当个正式员工。确实，在1985年，九成以上的男性都是正式员工。2013年男性正式员工的比例跌破八成，有两成以上的男性在从事非正式职业。

2013年民间企业职员的平均年收入达到了414万日元，终于超越了前一年的数据。同时，年收入超过1000万日元的人，比2012年增加了14万。在这个数据背后，年收入在200万日元以下的人，同样增加了30万。经济差距在扩大，这个事实十分明显。

现在已经进入21世纪，只有极少数的胜者可以站在竞争的前端。在1973年的石油危机以后，日本进入了低速成长的时代，虽然泡沫经济令人们暂时忘记了这个事实。既然经济不像成长期那样增长，人们所需求的就不是“煽动”，而是“镇定”。

但是，与20世纪50年代相同，2010年以后，市面上同样充斥着关于成功学的书籍。我们无法摆脱男人要获得经济上的“成功”，“向上爬”才能获得幸福的印象。

男人们基于竞争的生存方式可谓有百害而无一利。如果继续竞争，只顾向前猛冲的话，在你前面立着的就不是“成功”，更有可能是悬崖。正因为如此，对于诞生于“竞争”利弊中的男性言语、行为，我们才需要彻底地加以批判。

您知道“工作日白天问题”吗?

在服务业与IT行业工作的男性数量正在不断增加。越来越多的男性接受了这种构造的转换，上班方式不再是“五加二”。也就是说，工作日的白天走在街上的男性，不一定是无业游民。

即便在现代社会，男性如果在工作日的白天无所事事的话，也会被人怀疑。这就是“工作日白天问题”。只有学生和退休人员不存在这个问题。

也有人觉得，“工作日白天问题”是男性的被害妄想，因为“周围的人不会这么注意自己的”。确实有可能，男性如果在工作日的白天走到大街上，就会摆出一副“别人会不会觉得我可疑”的姿态。

如果你在谷歌上搜索关键词“注意嫌疑人”，搜出来的图片上画着的受害人，有小孩也有年轻女性，而嫌疑人则多数为男性。

大家在听到男性无业游民被逮捕的新闻时，基本上都会有“果然是这样”的想法。其实，认为没有工作的男性肯定有点问题，这种想法正是一种偏见。

“不能工作”和“不工作”完全是两码事。你只要发挥一下想象力就能明白，有的男性是由于健康状态及家庭等原因“不能工作”的。

我所从事的职业，在工作日的白天也可以休息，因此我很了解“工作日白天问题”的严重性。如果我在白天去超市购物，有时就会在路上遇见从幼儿园放学回家的孩子们。

我非常喜欢小孩子，觉得他们很可爱，所以每次遇到，我都会面带微笑地望着他们。而对方会觉得“那个人在偷笑”。跟他们交流真是太难了，我的本意很难原样传达给对方。家长和孩子会忽视面带微笑的我，他们会加快步伐，带着孩子急急忙忙地踏上回家的路。

不管社会怎么变化，在人们的心中，还是强烈地留有普通男性要在工作日全职工作的印象。这种印象不消退，男性就无法快活地度过工作日的白天。

男性对女性不挑剔，但也结不了婚

除了工作，结婚也是普通男性一定要完成的任务。在现代的日本社会，未婚的适龄男性越来越多，结婚年龄在不断提高。在后面的章节，我将详细举出这种现象产生的理由，在此，先让我为大家介绍一些情况。

大家觉得自己会在几岁结婚呢？多数人觉得自己会在30岁左右结婚。2010年，25岁至29岁男性的未婚率约为70%。在25岁到29岁结婚的男性已经成为少数派了。30岁到34岁的未婚率不到50%，由此可见，晚婚化现象在持续。

让我们来确认一下未婚化的现状。在显示未婚者比例的数据中，有一个名词叫作“终身未婚率”。1985年男性的终身未婚率不到4%，2010年已经超过20%。总而言之，我们进入了这样一个时代——每五个男性中就有一人终身未婚。

“男人结婚后才能长大成人。”如果上司有这样的想法，可能就会催单身的部下快点结婚。他会给出“你眼光太高才结不了婚”“不挑人的话就能结婚了”之类“很难得”的建议。每个人都有自己的梦想，说起来我本来就很难理解，不挑结婚对象的婚姻有什么意义呢?

不挑结婚对象的婚姻不仅令人难以理解，更重要的是，事实上，并不是“不挑人的话就能结婚了”。由于男性数量比女性多，还是会有“剩男”的。在日本，1975年，20多岁的男性数量开始超过女性，只要简单地做个减法，我们就能得知具体的剩男数量了。

在2010年的日本，20岁到24岁的男性比女性多13万人，25岁到29岁的男性比女性多12万人。整体来看，在20多岁的人中，男性比女性要多25万人。这对男性来说是个悲剧，对女性来说则是个好消息。

而在30岁的人群中，男女比例基本也是这样的。因此，男性在考虑与女性恋爱和结婚时，需要意识到男性在数量上的不利之处。

世人冷对单身男

我结婚并不早，一直单身到 38 岁。我从 25 岁开始独自生活，家里的生物只有我和观叶植物榕树。我本来就很喜欢独处，所以也没有特别寂寞。榕树是那株观叶植物本来的名字，不是我个人给它取了“榕树”这个名字。

我是三兄妹中的长兄，下面还有一个弟弟和一个妹妹。弟弟在 25 岁前就结婚了，生了两个女儿。托他的福，父母没有向我施加“想抱孙子”的压力，这对持续单身生活的我来说是件幸事。

在我还是个小学生的 20 世纪 80 年代，少年棒球队只有男孩才能参加。到了我侄女上学的时候，女孩也可以加入少年棒球队，能和男孩子一起参加比赛。听说她开始打棒球时，我深切地感受到了时代的变化。有一天，我和她一起在东京巨蛋[①]观看了棒球比赛。

---

① 东京著名地标性建筑，大型体育馆，同时是日本职棒球队读卖巨人的主场。

35 岁的我和 9 岁的侄女，这种组合在旁人看来就是一对父女。去小卖部买东西时，年轻的女店员接待了我们。我怎么都找不到小侄女能戴的帽子，店员亲切地与我商量，我也对她说了很多话。

也可能因为看的是夜场比赛，9 岁的小侄女在回去的电车上困得迷迷糊糊的，靠着旁边的辣妹睡着了。我心想，这下糟糕了，便向这位女性道歉，她笑着对我说："没关系的。"

这与我单独行动时得到的回应完全不同，我惊讶于这个事实。我一直是个喜欢单独行动的单身中年男人，在那天却成为"休息日和女儿一起看棒球赛的温柔爸爸"。

有很多人虽然单身，但他们并没有觉得被世人冷对。实际上在现代，单身人士很少会被人直接指手画脚。他们可能很少觉得面上无光吧。

模拟一下也好，你体会过就会明白，已婚，有孩子，从事周末休息的"正经工作"，拥有这些特点的男性在现实生活中的社会信用非常高。因此那天的我与平常不同——我从年轻女性那里得到了非常温柔的对待。

必须要引导女性的压力

可能会有单身男性这样想，如果父母会开心，自己也能获得社会信用的话，还是结婚比较好。还记得吗？男女数量原本就是不同的，即使你有要结婚的决心，结婚也不是件容易的事。所以，男性还面临着一道必须跨越的高墙，那就是爱的告白。

告白可以吹响恋爱正式开始的号角，求婚是申请结婚的敲门砖。无论哪一件，都是需要男性主动做的事。女性正被动地等待着。有人叫嚷着要男女平等，女性和男性就得处在对等的关系上，可是为什么不论男女，多数人都会觉得，重要的决断还是由男性来做比较好呢？

当然，告白是需要巨大的勇气的，如果被拒绝会非常悲伤。在这一点上男女之间并无差别，但是只有男性需要背负这沉重的责任。

不只这些。如果你足够幸运，能开始一段恋爱并且结婚，那么你就要一直承担着引导者的角色。男性来引导，女性被引导，这种认知到现在仍旧根深蒂固。

有很多女性每次都把选择约会地点的任务完全交给男性，对于男性来说，这是很大的压力。比如在东京，受欢迎的地方是有限的。

最基本的新宿、涩谷、池袋，再加上吉祥寺和六本木，也只有五处。台场、自由之丘，再远点，神奈川的横滨也不错。问题在于，两个人总不能每次都去同样的地方吧！

男性在努力不让女性失望，但是三个月后，约会地点的库存就会耗尽，就算东京拥有无数约会地点，也不外乎如此。

有种杂志能将必要的约会信息商品化，并提供给有需求的男性，以解决他们的苦恼。它便是 1990 年开始发售的《东京 Walker》。当时还是大学生的我曾热切地阅读过这本杂志。

我到现在还清晰地记得，《东京 Walker》做过一期关于星巴克咖啡的特辑。1996 年 8 月，星巴克咖啡的日本 1 号店在银座开业，这是星巴克第一次在北美以外的地方开店，因此引发了巨大的讨论。

在 20 世纪 90 年代后期的日本，人们都知道饮品的容量规格分为 S、M、L。众所周知，星巴克咖啡饮品的容量规格分为小杯、中杯、大杯和超大杯四种。

根据官网"How to 点单"我们得知，决定好要点的饮料，选择容量，最后在饮品里加上糖浆与奶油，你的专属饮品就做好了。配合你的喜好，是星巴克的特征，但是对于客人来讲，点单的难度上升了。

如果扮演引导者角色的男性将女性带到流行的星巴克咖啡厅，说"你要的是 M 杯的热咖啡吧"，那可就又丢脸又麻烦了。因此，《东京 Walker》会亲切地教大家在星巴克应该怎样正确地点单。

男性必须引导女性，这种常识给男性带来了巨大的压力。请各位女性一定要理解这种痛苦。如果两人能一起选择约会地点，关系就会变得更加紧密，两人的关系也就能接近对等状态。

趣味是有等级的

想想男性的压力我们就能明白，就算有人觉得“还不至于这么想结婚吧”，也不足为奇。这个时代盛产自称“享受不婚”的人。无论是男是女，不结婚都没什么问题，索性选择将单身进行到底也不错。

不婚的好处就是轻松。想吃就吃，想睡就睡，周末想做什么就做什么。结了婚，行动会受到限制，有了孩子则会更惨。

人们经常会误以为不婚等于没有恋人。其实，不管几岁，不婚也可以享受恋爱，又不会有出轨和离婚的困扰。

当然，就算没有恋人和朋友，只要本人觉得好，那就行了。在这种情况下，只要有爱好，就可以过上充实的不婚生活。不婚者与已婚者不同，他们可以自主地把时间与金钱花在自己的爱好上。不婚男性赚的钱，全都可以自己支配，怎么花都不容别人置喙。

2014 年夏天，千叶的道路上突然出现了一个骑着摩托的蝙蝠侠，在网上引起了热议，他被称为“千叶蝙蝠侠”，真实身份则是一位40多岁的单身汉。关于他的报道一出，肯定有很多人觉得“原来是个单身汉，怪不得会这么做”。

在看电视的时候我得知，他花在摩托改造与自制服装上的钱有几十万日元。对于已婚男士来说，得把想方设法维持家计放在第一位，他们是没法因为爱好变身为“千叶蝙蝠侠”的。

说到符合成年男性身份的爱好，我们能立刻想到的有打高尔夫球、垂钓、摄影等。熟知欧洲足球也挺帅的。实际上我的大学朋友们对欧洲足球很熟悉，我没法加入他们的讨论，暗地里觉得很自卑。

现在三四十岁的男性的童年，都是在漫画与游戏的黄金期里度过的。因此，很多男性直到现在仍然爱好漫画与游戏。在人气娱乐节目《雨后敢死队交谈》中，艺人们热烈地展开关于《筋肉人》[①]《JOJO的奇妙冒险》[②]《灌篮高手》的讨论，对

① 日本漫画家蚵仔煎所著的漫画作品，由集英社出版，在大陆又被叫作《万太郎奥特曼》。

② 荒木飞吕彦所著漫画，连载于《少年JUMP》杂志。

我来说，已经是习以为常的光景了。

现在有一些人认为漫画与游戏等爱好与成年男性并不匹配。成年男性热衷于游戏与漫画，并不会对任何人造成困扰，因此对别人的爱好多嘴，完全是操闲心。

确实，没礼貌的人在电车内看漫画、打游戏，会给别人造成困扰。但是不管是什么样的爱好，如果妨碍到周围的人，都会让别人不快，即便是打高尔夫球和垂钓也是如此。

人们普遍认为，爱好是有明显的等级的。打高尔夫球和垂钓是高尚的趣味，游戏与漫画是低俗的趣味。日常生活中，我们常常从别人的爱好出发，判断他是一个什么样的人。

爱好是充实不婚生活的重要因素，人们仍然期待着成年男性能保持适当的言行举止。只要男性打算贯彻不婚之路，就很难摆脱男子气概，重获自由。

“男子气概”这个难题

对于男性来说，让自己拥有男子气概是一件非常麻烦的事情。对于成年男性而言，无时无刻自由自在地活着，是不被世间所允许的。特别是在现代，人们仍然将工作与结婚当作成为普通人的要点，并十分重视。

虽说周围人都对某人的评价很高，说他有男子气概，但我们并不知道他本人是不是幸福。你可能觉得意外，其实在工作的竞争中胜出，从成就中证明了自己的价值的男性，也有自己独有的痛苦。

进入 21 世纪以后，随着收入差距的逐渐加大，低收入的男性“结不了婚”成为街头巷尾热议的话题。收入的确与已婚率密切相关，年收入越高，已婚男性越多。

人们对此比较透彻的看法是，收入低的男性坚持“因为我没钱”的借口，所以才保持不婚，而高收入的男性会做出“没有不结婚的理由”的判断。为了保持社会地位与一定的收入，他们不得不选择特定的生活方式，并且这种压力在不断增加。

在 2006 年播放的电视剧《不能结婚的男人》里，阿部宽[①] 扮演了 40 多岁的建筑家桑野信介。

他能力、收入双高，却因为古怪的性格一直单身。桑野不结婚的理由，有很好的理论武装。在剧中周围的人都说他强词夺理，但他也有很多含蓄的发言，这是本剧的看点之一。

极力主张住宅中厨房重要性的桑野揶揄道，造出适宜居住的房子时，只有能打发空闲时间的妻子会高兴。并且他断言，“丈夫陷入了背负着孩子、妻子、房贷的境地”。

这个人物好像对女性持有相当大的偏见，但是他对男性背负的责任之重，把握得十分准确。男性作为“一家的顶梁柱”，绝不能断掉用于妻子的收入，再加上房贷，形式就更严峻了。总而言之，不管发生什么，男性都不得不工作到退休。

找一份安定的工作，结婚生子。在此基础上再拥有自己的房子，可以说是男人最好的人生。但毫无选择权及自由感，可能会导致男人对这种生活厌烦至极。

---

① 日本男演员、模特，曾获日本电影学院奖最佳男主角奖。

快点认真起来

有的男性无法取得对社会有价值的“成就”，对他们而言，“男子气概”是一种压力。在二三十岁毫无收入的男性中，半数以上甚至没有与女性交往的经验，已婚男性只有 3%。另一方面，二三十岁毫无收入的女性中，半数以上是已婚者。

我们很容易想象到二三十岁毫无收入的男性的生活之艰。不仅如此，这部分人还需要注意他人的评价与家人的眼光。并且我担心，比起其他几点，最严重的是本人的自尊心会受到损害。

从现在的就业环境来看，不得不从事不安定职业的年轻男性，今后也会不断增加。非正规的工作方式、从事职业的不安定性与收入的低下十分引人注目。与正规工作相比，不安定职业的不利之处可不只这些。

问题在于，大多数人一直这么工作下去，永远无法掌握那些可以靠自己开创未来的技术与知识。多数从事不安定职业的男性一边谋求着“达成成就”，一边处在这样的位置之上，肯定会对自己所处的立场大为不满。

或许还有一些男性，到了中老年，只能获得极小的成就，无法挺胸抬头。我们很理解他们想发牢骚的心情。人们不负责任地煽动男孩子，告诉他们要怀揣远大的梦想，因此男性到了明白梦想不可能实现的年龄，会对自己的人生感到失望。这就是所谓的“中年危机”。

结果就是，男性不管多大都没法舍弃妄想，他们幻想自己是一只“沉睡的雄狮”。他们相信，等到自己“觉醒”之时，实力远远不止如此。

可能女性完全不能理解这种想法。男性只要曾打过棒球，不管他多大年纪，到棒球选秀日那天，都会产生迷之兴奋。那是因为他自己的想象得到了无限的膨胀：万一自己被指名了可怎么办呀？我们都期待着人生会出现一次大逆转，比如“成为职业棒球选手”。

在旁人看来，在一无所成的人生中，只能埋头做好眼前的事。“觉醒”的瞬间永远不会来临，“我只不过还没认真”也只是借口罢了。各位还是快点认真起来为好。

我们无法对男性的生存方式一概而论，“达成”也好，“无法达成”也好，男性的人生都是苦闷的。在未来，男性究竟可不可以选择多样的生存方式呢?

现在我们可以确定的一点是，作为男人，即使现实令你想要移开目光，也只有拿出男子气概挑战难题了。男性必须认真寻找能获得男子气概的方法。

第二章　工作真难

男人是不幸的吗？

《男女共同参与白皮书》（平成26年版）特辑内容为“男性不断变化的工作与生活”。你可能觉得这本书是为女性而制定的政策，实际上，这是它第一次发行男性特辑。行政机关同样关注重新评价男性生存方式的课题。

《现代特写》“男人真难2014一千人的心声”在开头介绍了“男性的幸福度比女性低”的数据。该数据引用自白皮书特辑。

回答“现在很幸福”的比例，女性为34.8%，男性则仅为28.1%，这组数据引起了世人的关注。不少男性已经感觉到“生活之难”。

但是我们仅靠这样的数字，是无法得出现代日本“男性比女性不幸”的结论的。只根据数字进行讨论，会陷入煽动男女对立的扯皮之中。白皮书中还刊载了男女各自的就业状态与幸福程度的不同。

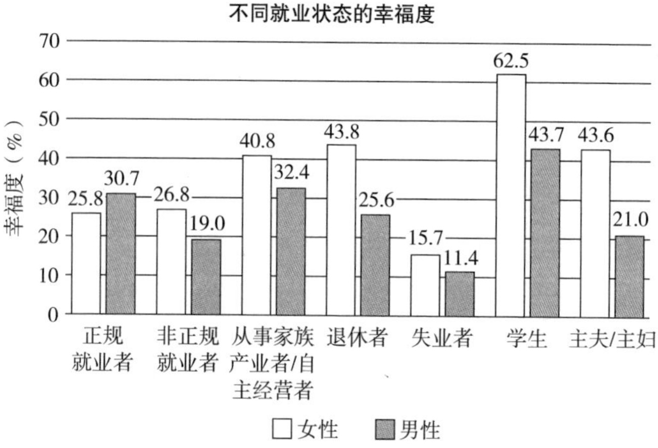

出处：内阁府《男女共同参与白皮书》（平成26年版）

从中我们可以看出，失业者的幸福度是最低的，该项数据的男女差别不大。无论是男是女，拼命找工作却怎么也找不到，都不会觉得幸福。

幸福度最高的是学生。学生和失业者一样没有工作，却有正经的归属和身份，因此学生是最幸福的。43.7% 的男学生认为自己很幸福，这比男性平均数 28.1% 高得多。女性的幸福度唯一比男性低的，是正规就业者。

男性的幸福度很低，十分引人注意。但就平均数来看，男女之间只有约6%的差距。就业状态更是会大大地影响幸福度，但它并不能用来判断男性幸福与否，只能作为一个参考。

超高的男性自杀率竟与工作有关

比起幸福度，与自杀相关的数据更能清楚地体现男女差别，并且情况更加严峻。1998 年，日本的自杀人数超过三万，在 2003 年达到顶峰，有 34427 人自杀。到 2011 年为止，每年都有超过三万人自杀。

1997 年，日本有 16416 名男性自杀，1998 年猛增到 23013 名。20 世纪 90 年代后期的社会问题很多，银行对中小企业滞贷，大企业也纷纷倒闭。

《自杀对策白皮书》(平成 24 年版) 中对此也有所提及。除了健康问题，中老年男性自杀的原因基本上都与工作和金钱相关。

从 1998 年到 2011 年，每年男性自杀人数都超过了两万。在这几年里，女性自杀人数都没有超过一万。2003 年每十万的自杀人数中，男性创下了史上最高纪录 40.1，是女性的 2.8 倍。

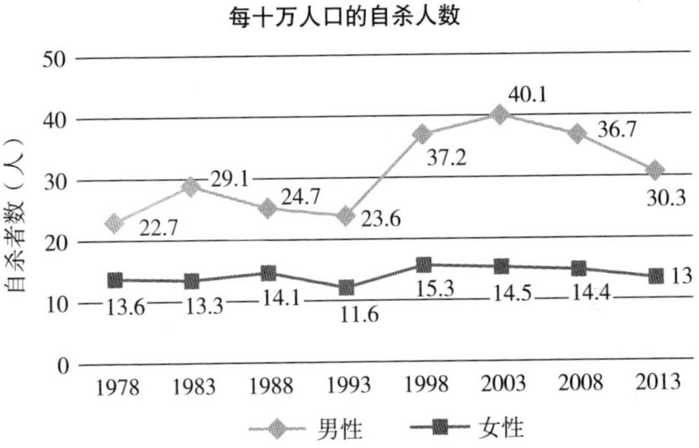

出处：内阁府《自杀对策白皮书》（平成24年版）

近几年，20岁以下年轻人的自杀死亡率在不断上升。《自杀对策白皮书》（平成24年版）中的相关内容显示，与中老年人相比，年轻人因工作而自杀的比例很高。并且白皮书还指出，2009年以后，因“找工作失败”而自杀的人数在不断增加。

正如我在第一章中所写的那样，男性自杀的一个原因，是男性不被允许诉苦。根据2012年内阁府自杀对策推进室实施的“自杀对策相关意识调查”数据显示，半数以上的中老年男性在有烦恼和压力时，会犹豫是否该与人商量并寻求帮助。

我认为年轻人自杀的主要原因，是与求职和工作相关的信息过剩。现在求职的毕业生都知道，日本企业喜欢聘用应届毕业生，如果在毕业后不能迅速找到工作，会对自己非常不利。基于这个“常识”，学生如果没能在毕业后找到工作的话，肯定会失望透顶。

我们在求职的过程中，需要进行彻底的自我分析。根据求职信息网站 mynavi2015 刊登的《完全明白！进行求职的方法》一文，我们可以知道，所谓的自我分析，是指认识并明白自己想从事什么工作、适合什么工作，以及想去怎样的公司。

社会学家宫台真司指出，现在的学生在规划自己的职业生涯时会认为“我是这样的人，所以适合这种工作，不适合别的工作”。由此可见，自我分析会影响学生对职业的选择。在残酷的求职之旅结束时，学生们如果没能从事自己认为适合的职业，肯定会沮丧的。

甚至会有很多年轻人在真正开始工作后会发现工作和他们想的不一样，因此很失望，进而辞职。年轻人的周围充斥着与求职相关的信息，他们对工作的烦恼会因信息的逐渐丰富而不断加深。

男性居高不下的自杀率竟然与工作上的烦恼以及求职的失败有关，这背后其实是有深层原因的。因此，批判最近的年轻人变弱是不合理的。向年轻人过度提供大量的信息，成人们才应该对此进行反省。

长时间劳动是一个没被正视的问题

男性自杀与工作、与金钱问题相关，因此我们也可以知道，日本男性与工作的联系十分紧密。我们就算听别人说日本人“过劳”，也不会感到意外。那么具体来说日本男性与其他国家的人相比，多工作了多长时间呢？

一周工作50小时以上的男性

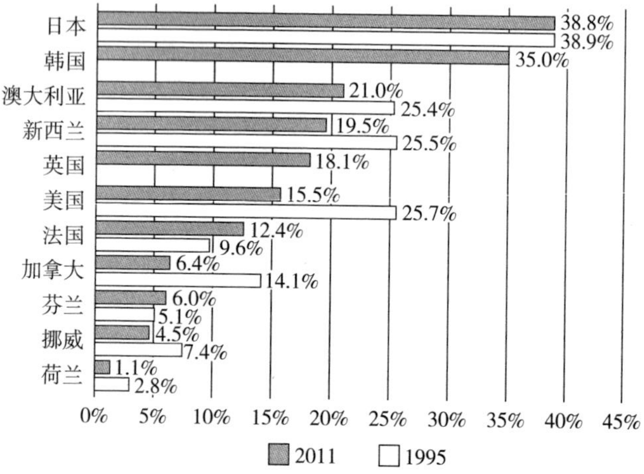

出处：日本劳动政策研究研修机构《数据书国际劳动比较 2014》

根据 2011 年的数据我们可以知道，有 38.8% 的男性每周工作超过 50 个小时。如果一周工作五天，平均每天工作 10 个小时，再加上通勤的时间，约四成的男性一天中接近一半时间都花在了工作上。

放眼国际，对比各国每周工作超过 50 个小时的男性的比例，我们也可以发现日本男性的过劳现象。韩国的数据与日本最接近，为 35%；美国为 15.5%，是日本的一半以下；荷兰为 1.1%；芬兰和挪威符合条件的人数只有个位数。

日本男性之所以过劳，是被人们“年富力强”“正是拼搏的年纪”等话语蒙骗了，多数男性会劝告自己“没办法”“这是理所应当的”。但是我们必须明白，男性把大多数时间都花在工作上的生活方式，是十分特殊的。

男性长时间劳动会成为种种问题的元凶，长时间劳动带来的最糟的结局就是过劳死和过劳自杀。2014 年 11 月 1 日，日本开始推行预防过劳死等问题的对策推进法。国家终于承担了此事的责任，摆出了解决问题的姿态。但是 20 世纪 80 年代，过劳死已经成为社会问题了，这个责任承担得也未免太迟了吧。

从 1988 年到现在，与过劳死和过劳自杀相关的“过劳死

110 全国网”活动已经持续了很多年。那就让我们看一下主页上登载的过劳死与过劳自杀的定义吧。

过劳死是指由于工作导致的过劳与压力使人患上心脑血管疾病、呼吸疾病、精神疾病，最终导致死亡。过劳自杀指人由于过劳承受过大的压力，不断积累疲劳，有时会患上“抑郁症”，继而导致自杀。

由于工作而导致这种事情的发生，绝不是什么好事。因为我们是为了生存而工作，而不是为了工作而生存。这个原则听上去老套，但我们必须理解它、遵从它才行。

很多男性就算没有达到过劳死与过劳自杀的地步，也会因为长时间劳动损害自己的身体健康。如果你是这一类人，请停下你的脚步认真考虑一下：有必要这么拼命地工作吗？对你的人生来说，什么才是重要的呢？

工作中遇到麻烦时，和家人一起认真交流一下，转移一下视线也很好。如果只是觉得“理所应当”和“没办法”，问题只会变得更加严峻。

对自我牺牲评价很高的日本

1995年，其他国家男性长时间劳动的比例，要比2011年的比例高。在当时的美国，每四个男人中就有一人以上在长时间劳动。在芬兰、挪威和加拿大，这个比例分别为5.1%、7.4%和14.1%。虽然不同国家有不同原因，但我们可以明白，长时间劳动问题不是无法解决的。

1995年，日本从事长时间劳动男性的比例为38.9%。十几年前的情况和现在大致相同。为什么在日本，完全看不到改善男性长时间劳动的兆头呢？

无法减少劳动时间的一个原因，是对工作的评价方式。简单来说，日本的公司需要其职员做到生活时刻为工作让路。经济学家熊泽诚将其命名为“生活态度能力”。

“加班？没问题！”“我休息日能上班！”人们都觉得，如果男性职员能这样工作，就代表他的能力高，对他的评价也会比较高。还可以将“下个月开始我可以调动的！”加到刚才那番气势磅礴的发言中。总而言之，“生活态度能力”是指可以灵活地应对公司多样的要求，不考虑自身情况，对其全盘接受的一种能力。

就算是学生，去做兼职时也会亲身感受并理解“生活态度能力”的含义。

如果在餐饮店打工，在换班出现空档时，你如果能取消原定计划去工作，老板会觉得你“有用”。与此相反，如果因同好会的合宿与准备学校的考试等理由休班，会被评价为“没用”。

当然，学生去打工，也要保持一名职员的自觉，这是理所应当的。但换班制的兼职工作，在招聘打工人员时，会把能根据自身情况进行工作当成一个“卖点”。例如，某快餐店招工广告的内容如下：

本工作是日程制，可以根据自己的生活方式出勤！

一边进行着这样的招工，一边对以学业优先的打工者作出“没用”的评价，这也太奇怪了吧。

如果对打工者也要求“生活态度能力”，那应该把招工的广告改成“本工作是日程制，但是你得根据店内情况出勤”。

日本社会要求打工者把生活奉献出去，所以男性正式员工的长时间劳动情况是不可能有所改善的。非正式员工的不断增长，让这个问题更加严峻。

尽管身份的安定性无法得到保障，越来越多的非正式员工还是被要求要和正式员工拥有相同的“生活态度能力”。由于这个论点非常重要，我会在后面的章节再次提及。

我们对“社会人”的理解是错的

“社会人”这个日语单词的使用方法，与将生活全部奉献给工作一样，是长时间劳动问题无法解决的原因。一般来说，所谓的社会人，是指从学校毕业后到公司工作的人。有时我们也能在毕业典礼上听到“请你成为出色的社会人”这种话。

但是，仔细想想，这是多么不可思议啊！社会明显比这广阔得多。工作确实是支撑我们这个社会的重要因素，但是说到底，也只是一个构成元素而已。

如果只把在公司工作的人叫作“社会人”，就会助长人们“不工作就不正经”的错觉，而且会给人造成地方交流团体与家庭等其他领域的价值较低的印象。

2011 年的东日本大地震，对地方上的交流团体而言，是日本人重新认识它们的契机。不只是紧急事态，在日常生活中，这种超越利益关系的人际交往也是无可替代的。

近几年社交网站的发展，使人与人之间可以保持超越物理距离的关系。交流团体这个词不单指地方交流团体，也可以指有共同关心内容的人在网络上的聚集体。

日常生活场景的四个分类

职业领域 参与社会性分工，目的是获得收入	**地方领域** 寻求各自生活的丰富性，达成一致意见
家庭领域 共享衣、食、住、行等基本的日常生活方面	**个人领域** 与社会角色保持一定距离的私人领域

在现代日本，可能比起地方交流团体，改称交流团体比较贴切。无论地方和网络哪一方，去掉利害和感情后能将人与人之间连接起来的交流团体，都是重要的社会领域。

询问过学生我才知道，现在还有一种父亲，会对孩子怒吼："你以为是谁在养活你啊！"当然，父亲要每天不停地工作，要支付学费和房贷，孩子还反抗自己，肯定会上火。

但是，刚才那句话是绝对不能说出口的，不仅对孩子的教育不好，还会变成对自己的追责。

在日本，如果有人问一个孩子：“是谁在养活你啊？”答案基本上都是父亲。因此，停掉那张养活孩子的卡不就万事大吉了吗？这样父子间的对话也会消失。正如我在前面的章节中所指出的那样，驳倒对方并不是交流，也不是教育。

如果主张既然父亲承担了经济上的责任，孩子就得听父亲的话，那不赚钱的父亲就没有在家庭里存在的价值了。一旦失业，男人们就会变得毫无价值。

所有人都会退休。孩子会对退休后的父亲讲“我不再需要你了”，然后把他扔到山里，这也是有可能的吧。

对维持一个家庭来说，金钱非常重要。但是只靠金钱是无法维系一个家庭的。我们必须将家庭与工作区别对待，确保家庭也是社会的一个领域。

最后剩下的是自己。这个领域，我们在忙碌的时候，甚至会忘了它的存在。你拥有只属于自己的时间和场所吗？

男性在有了家庭以后，必须扮演很多角色，比如在职场中是职员，在家庭里是丈夫和父亲。这些角色被大家期待，当然很值得高兴，但是有时，男性也会感觉喘不过气来。

这时自己独有的时间和场所就非常重要了，拥有爱好的男性应该比较容易理解个人领域的重要性。如果有埋头于自己的爱好的时间，就可以从种种枷锁中挣脱出来，消除自己的压力。

如果你既没爱好又没时间，那在咖啡店花上半小时喝杯咖啡也可以。如果不去强行制造一人安享的时间，人生会容易变得毫无反省地重复着一成不变的事。

当然，我们无法全力挑战工作、交流团体、家庭、个人等全部领域。即便如此，我们应该可以做到环视每个领域，结合个人所处的立场去计算在每个领域花多长时间。而那些关心全部社会领域的人，才是真正的“社会人”。

重新考虑 Work life balance

前面我提出了这样的主张，即有必要从工作、地方、家庭、个人等较为广阔的视野，去理解“社会人”这个词。为了加深对这个主张的探讨，我想和大家一起思考一下“Work life balance”，近几年，它成为重新审视工作方式的关键词。

“Work life balance”，翻译过来就是“工作与生活的和谐”。life 可以翻译为生活，但 life 这个词的含义已经变得丰富了。

社会学者藤村正之提倡，人们应将 life 理解为生命、生涯和生活三种意思，这样，“Work life balance”就有了更深的含义。

第一种解释是工作与生命的和谐。在因过度工作导致过劳死与过劳自杀的例子里，工作与生命的平衡被致命性地摧毁了。

活着才能展开多彩人生。我们绝不认可将工作置于生命之上的做法。我们在与年富力强的男性交谈时，会时常听到他讲“工作太忙，没时间去医院”之类的话。工作和自己的健康哪个比较重要？这原本就不是可以放在天平两端比较的。

第二种解释是工作与生涯的和谐。就算我们建议正在求职的学生“要有生涯的视角，能考虑自己与工作的相处方式”，他们也很难做出想象。

但十分现实的问题是，我们得考虑，在自己的一生中，究竟要将工作摆在什么位置。自己想做什么的确很重要，在漫长的人生中，“我做什么才能持续下去”才是更重要的。如果你被眼前的利益所诱惑，也会存在不少危险。

在现代，人的寿命通常有 80 年。如果一个人圆满结束工作，在 60 岁退休，那他的生命还剩 20 年的时间，这和从孩子诞生到长大成人的时间一样。站在生涯的视角上，我们也可以窥探到失去工作后的人生。

第三种解释是工作与生活的和谐。人的一生要持续下去，只能靠每天生活的不断累积，当然必须要认真调整工作与生活的关系。

我们需要关注底层人民的处境。他们明明在工作，挣到的钱却不能维持生活，因此会陷入窘境。

如果将 life 理解为生命、生涯、生活的话，就能很好地理解“Work life balance”这个短语的重量了。在招聘会等场合，如果企业宣称“我们公司重视 Work life balance”，学生们就可以问他们，究竟用的是 life 这个词的哪个意思。我们可以通过他们对这个短语的理解，来了解该企业的本质。

退休者的忧郁

由于男性学专家的数量极少，从30岁起，我便开始负责以退休者为对象的市民讲座。回想当初，由于在年龄上我都能当他们的儿子甚至孙子了，所以我很担心他们不能很好地听我的话，便努力研究了几个面向年长者的搞笑段子。

实际上，在面向退休者的讲座的开头我经常表演的段子，还挺受欢迎的。但是没过多久我就发现，这种吸引人心的方式毫无必要。

来听讲座的男性因退休带来的虚脱感与丧失感而烦恼，拼命地借某事充实自己的人生。如果通过听讲座能解决自己的烦恼，讲话的人是谁并不重要。相反，如果他们的问题得不到解决，他们的期待就会落空。

成团一代[①]的退休问题，从2007年开始引发关注。战争

① 又称高峰代，指第二次世界大战结束后数年间出现生育高峰时出生的一代人。

结束后的1947年到1949年，大量的孩子出生，到了2007年，他们开始陆续退休。由于该集团规模之大，堺屋太一[①]将其命名为成团一代。

由于支撑企业的男性一起退休，人们越发担心事业的继续与技术的传承问题。人们很担心大量退休人员的出现，以及公司能否平安地运转。

但是从男性学的观点来看，成团一代的退休问题是完全不同的。被“昭和男子气概”，也就是不顾家庭只顾工作的想法所束缚的人们，回归地方与家庭后所产生的种种问题，才是男性学的意义上的成团一代的退休问题。前来听讲座的退休男性渴望知道的，正是从男性学观点解读的成团一代的退休问题。

男性将几乎一整天的时间都花费在工作上，如果没有了工作，自由时间会很难打发。不少男性一直都是全身心投入工作的，家里没有他的容身之地，地方交流团体里也没有熟人。

没有去处的男性，寻找着不用花钱、冬暖夏凉的地方。

---

① 日本作家、评论家、曾任经济企划厅长官与内阁特别顾问。

无比悲惨的现实是，我们可以看到打发时间的退休男性，白天在图书馆和百货商场的长椅上，摆出一副无所事事的样子。

如果退休男性想躲避孤独，我们只有鼓励他们在家庭和地方交流团体中交朋友。坦率地讲，我们必须从根本上重新组建他们的生存方式。

从生涯的观点来看，如果男性能提前考虑好与工作相处的方法，就可以预防这种情况的发生。对已经退休的人这么讲，充其量也就是马后炮。在这个时代男性无法摆脱以工作为中心的生活方式，所以要从退休者的忧郁里有所领悟才行。

工作的意义

容易令人产生误解的是，男性学并不是在否定“工作”本身。说到底，这门学问只是在批判男性以工作为重心的生活方式。

如果只注意“工作”积极的一面，那么对工作的议论就不够公正。与退休者交谈后，我非常能理解，我们不能对“工作是什么”只下一个定义。

有男性寂寞地说：“退休前我觉得，只有我才能完成我正在从事的工作，周围人对我的期待也很高。一退休，就再也没有非我不可的事情了。”

退休男性之所以怀抱着虚脱感和丧失感，还是因为他们把工作当成“生存价值”。不论男女，只要有工作的人都明白，通过工作，别人会感谢自己，认同自己，这会令自己非常开心。

如果被任命去做很具有责任感的工作，我们就会强烈地感觉到“只有自己才能做到”。有时候我们也会感觉到压力，但是这件事本身，会令我们干劲十足。

也有男性在退休后反倒比退休前更有活力，这样的人在辞去工作后，比起丧失感，更能感觉到解放感。

一般来说，所谓的内退，是指企业裁员的一环。估计对此大家会有一种“明明还想工作，却被流放于职场之外”的印象。但是也有男性开心地说：“如果不工作，我可以做很多想做的事，所以我的人生目标就是快点内退。”

如果你有工作经历，应该可以理解这种想法。工作是种痛苦，正因为如此，人们才会在周日晚上十分忧郁，在周五晚上兴致高昂。

男性作为众望所归的一家之主，不可能选择辞职，过上可以堂堂正正地不去公司也不会被责备的生活，觉得退休是一种解放，是理所应当的。

在毕业后刚开始工作的时候，我们感受到的都是那些工作中痛苦的事。学生想赶上第一堂课都很困难，何况是一周五天，早上九点就要开始工作，只能硬着头皮上了。

我们有时会因为工作而沮丧，有时也会因为工作感到快乐，这种感觉经常是流动性的。如果我们能在工作时意识到工作的两种含义，就会觉得轻松自在了。

恶魔人世代的困惑

身为 40 岁一代，我发现，很多同时代的男性十分同情“平成[①]男子气概”——生在昭和，要注意工作与生活的平衡，还要致力于家务和育儿。

但是，与年轻一代自然而然地实践“平成男子气概”相比，40 多岁的男性有种被“昭和男子气概”和“平成男子气概”撕裂的感觉。

实际上，30 多岁那代人与 40 多岁的那代人，接受的教育明显不同。初中从 1993 年开始，高中从 1994 年开始设立男女共同修习家庭课[②]。也就是说，出生于昭和年间的 30 多岁的男性，初、高中是和女生一起学习家庭课的。

---

① 日本年号，1989 年为平成元年。

② 家庭课，日本初、高中教学科目之一，以学习和掌握家庭生活所需要的知识、技能和态度为目的。

人们鼓励40岁一代的男性在女生学习家庭课的时候，学习技术与武道。20世纪90年代，我就读于都立高中[①]。我可以选择学习剑道还是柔道，但是不能选择学习家庭课。

因此，不是说40多岁的男性与30多岁的男性相比完全不行，甚至是相反的，我认为只有我们这个时代的人，才能与“昭和男子气概”相抗衡。

因为现在的年轻男性过于“温柔”了。我们既能明白年长者坚持“昭和男子气概”，也能接受世代不同、看法不同的想法，从而避开争端。

但是，在40岁这代人的内部，有对怀抱“昭和男子气概”的同类的嫌恶，并且他们无法原谅不致力于“昭和男子气概”的年长一代。

四十岁男性被昭和世代的人骂做背叛者，从平成世代那里得不到共鸣。兼有昭和男子气概与平成男子气概并坚持战斗的40多岁男性，不正是恶魔人[②]本身吗?

---

① 由东京都设立、经营的高中。

② 漫画鬼才永井豪于1972年创作的同名作品，故事讲述的是得到了恶魔人力量的少年不动明与恶魔一族之间各种惊心动魄的战斗。

能改变这个世界的，说不定正是被这两个价值观撕扯、怀抱冲突的40岁一代。因此，我想充满希望地将40多岁的男性命名为“恶魔人世代”。

奶爸不是超人

如果你周末去公园，就可以看到和孩子一起玩耍的爸爸。接送孩子去保育园的男性并不鲜见，丈夫帮助妻子生产的例子也在增加。这种你绝对无法在昭和年间见到的父亲的姿态，正映入我们的眼帘。

“奶爸”这个词深深渗透入当下社会。它并不只是对“帅哥”一词的模仿[①]，还因为它与现实中男性的姿态相吻合。厚生劳动省对奶爸的定义是，“在享受育儿的同时，也能令自身成长的男性”。

参加育儿与父亲自身的成长相关，这个观点很重要，因为这不会令父亲有“不得不做”“别人让我做”的感觉，可以令他认识到育儿与自己的角色密切相关。

实际上，我曾见过有男性获得育儿假，在育儿的过程

---

① 奶爸的日语为「イクメン」，帅哥的日语为「イケメン」，二者十分相近。

中他的思考方式也得到了转变。他就是办公软件界知名企业 Cybozu 的社长，青野庆久。

青野庆久身为社长，取得了育儿假。身为奶爸社长的他博尽了众人眼球。他说："我真实地体会到了，育儿，就是在培育下一代。"

你可能觉得这是理所当然的，没什么好惊讶的，但是过去的男性把育儿交给女性，绝对不会有如此真实的感受。现在在日本地位较高的男人们，如果能有承担为社会培养下一代责任的自觉性，少子化就不会发展迅速了吧。

我已经强调了很多遍，迄今为止男性的生活方式，基本都是向工作一边倒的。积极参与育儿的奶爸在不断增加，可以说是在往好的方向变化。奶爸们向着刚刚所提倡的广泛意义上的"社会人生"更进了一步。

只是，我仍在担心"奶爸"这个词的普及，因为人们不一定会将男性参加育儿和重新审视长时间劳动放在一起进行讨论。

之前我们谈到过，有接近四成的男性一周工作 50 个小时以上。据《少子化社会对策白皮书》（平成 26 年版）显示，更为严峻的是，有 17.6% 的 30 多岁男性，与 17.4% 的 40 多岁男性，一周工作 60 个小时以上。

长时间劳动没有得到改善，还要承担育儿的责任，奶爸们的负担明显过重。男性为长时间工作所困，就算对他们说“家务和育儿都要加油哦！”，一般人也是做不到的。

（谁都不会成为超人……）

男女共同参与周海报

男女作为对等的社会成员，应确保他们靠自己的意志参与社会各领域活动的机会，因此男女可享受均等的政治、经济、社会以及文化利益，并且可以共同承担社会责任。

在平成26年度男女共同参与周的海报上，伴随着“家事上的老爸之力”宣传语，画着脱掉西服穿上围裙的老爸飞向天空的样子，宛如超人。正如海报所画的那样，男人如果不变身为超人，是不可能同时完美地处理好工作、家务和育儿的。

职场母亲们的负担当然也是很重的。即使在现代，夫妻共同工作的现象已经十分普遍的情况下，将家务与育儿全部交给女性的习俗仍然残存。更有甚者，主妇将家务、育儿的全部责任都揽在身上，这绝不是一个人能承担得起的。

对男人与女人谁最辛苦这个问题，我们无法得出建设性的结论。在这里我想强调的是，对于消除夫妻间家务与育儿分担的不平衡，我们必须重新审视男性的工作方式。

男性非正规就业现象在增多

据总务省[①]的劳动力调查显示，2013 年的自由职业者数量为 182 万，比 2011 年增加了 2 万。其中女性自由职业者的数量与 2011 年相比没有变化，都是 98 万，而男性自由职业者的数量比 2011 年多了 2 万，为 84 万。

厚生劳动省将自由职业者定义为“15~34 岁男性及未婚女性（除学生外）中的打工与兼职者，以及希望进行打工与兼职的人”。35 岁以上正在打工及做兼职的男性，并没有被算入自由职业者。就算今后新闻里报道，年轻一代自由职业者数量会减少，我们也必须明白，会有越来越多的男性处在越发严峻的立场上。

我们要用冷静的态度，去讨论包括自由职业者在内的非正规就业的问题。自由职业者中女性占大多数，比较男女自

---

① 日本主管有关国民经济及社会生活基础的国家基本体系的中央行政机构。

由职业者的情况我们可以发现，女性所处的位置更加严峻。

但是，在现代社会里，不管是男性自己还是其他人，都觉得作为正式员工工作是一件理所当然的事情，而当自由职业者就会有很多烦恼。因此男性自由职业者所处的立场也不容忽视。

总务省在劳动力调查中，询问了他们从事非正规工作的理由。2013 年的调查结果显示，男性最多的理由是“没有正规的职员及从业者的工作”（占比 30.6%）。与此相对，女性最多的理由是“想补贴家用或赚取学费”（占比 26.8%）。

年龄越大，成为正式员工、结婚的压力就越大。另外在统计结果中我们可以明显地看到，从事自由职业的时间越长，成为正式员工的概率就越低。

如今经济形势并不乐观，我并不认为，社会可以一下子解决非正规工作的问题。为了减少苦于理想与现实的反差的男性，近道就是，创造适应现代经济状况的新型男性生存方式。

看不见的敌人——企业文化

很多人在刚参加工作时，会因为工作中的一些荒谬之事，因与学生生活不同而感到绝望。我们很难错过关于工作的讨论，因为企业文化会对我们的工作方式产生极大的影响。

我曾见过工作第三年的公司职员对大学生说教："这种想法在社会上是不通用的！"职员没有打心底接受公司的规定，还得拼命去适应这些规定，这在过渡期是很容易发生的。他们不是在说服大学生，而是在尽力说服自己。

用"在社会"来代替本来应该说的"在我们公司"，这已经是司空见惯的事了。某公司的"常识"在别的公司就不是常识，也是常有的事。

比如，如果在你任职的公司免费加班是"常识"的话，那你不但不能准时下班，还拿不到一点加班费。如果你任职的公司会定时召开令人摸不着头脑的会议，就算你觉得开会毫无意义，也不能缺席。

企业文化之所以令人难以招架，是因为每个公司都酝酿出了独特的文化。因此，你在书本中或者学习会中学习的理论，也不能解决自己公司的实际问题。

而且，公司并没有明文规定“每天必须免费加两小时的班”，因此你就算想努力改变有问题的企业文化，也很难想出来具体应该怎样做。

最可怕的事实是，人们即使觉得规定很荒谬，最终也会习惯。渐渐地，我们不再怀揣疑问。停止思考的那一瞬间，终会到来。

人们往往会有种错觉，“我们公司的规定就是社会的规定”。这种狭隘的视野，真的是为公司好吗？

如果只追求眼前的利益，那么舍弃自己的判断、遵循公司方针的职员可能是“有用”的。这样做的典型弊端就是，职员们只会去一个劲儿地遮掩企业的短处。

一一检查并改善看不见的荒谬规定，这并不只是为了职员好，对于公司的持续健全经营来说也是不可或缺的。

坐在满员的电车上

工作既有令人痛苦的一面，也有令人开心的一面。不过早上的通勤电车不管坐几次，都只有痛苦。特别是在大城市，不仅电车中鱼龙混杂，通勤时间也很长，令人从大早上就开始忧郁。

房地产公司 Athome2014 年的调查结果显示，住在东京近郊，并且有孩子的上班族，平均单程通勤时间为 58 分钟。通勤时间越长，他们的睡眠时间就越短。

令人惊讶的是，只有 35.7% 的人对“通勤时间对你而言是痛苦的时间吗？”这个问题回答“是”。多数人觉得乘坐满员的电车，是“理所应当”或者“毫无办法”的事。正是因为他们放弃了挣扎，才给出了这样一个回答。

1976 年，社会学者加藤秀俊曾论述到，满员的电车是病理性的空间。他指出，满员的电车如同奴隶船一样密度过大，还进行了如下“敏锐地挖苦”。

可以这么想，假如我们要过30年的上班族生活，最终可以算出，日本上班族的一生平均会有约一万五千小时需要在如奴隶船一般的高密度空间里度过。假设奴隶船要花十周航海，按小时算就是1680小时，那么日本的上班族一辈子要坐十次奴隶船。

通勤时间是痛苦的时间吗？

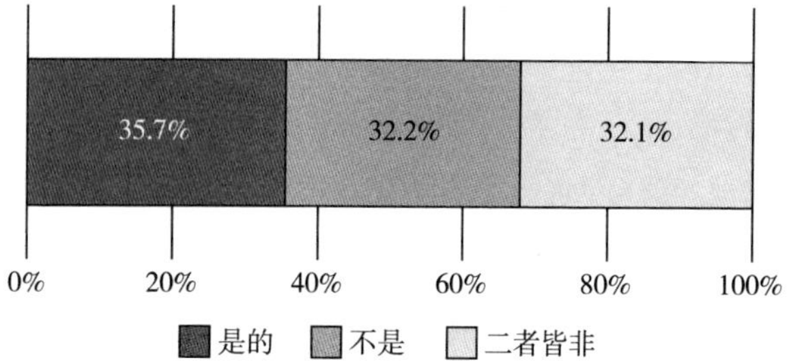

出处：Athome株式会社《“通勤”的实态调查2014》

社会学者的一个重要角色，就是“敏锐地挖苦”。从另一个角度看待与论述问题，反倒可以看到事物中隐藏的另一面。关于“敏锐地挖苦”的价值，社会学者P.L.伯杰曾指出：“这样可以让我们明确种种偏离，包括用正经的态度无法觉察出的问题，以及对滑稽事物的看法。”

乘坐满员的电车已经变成了日常生活的一部分，因此我们很难对这件事本身产生疑问。但自己乘坐的电车像奴隶船一样，甚至上班族一生要花费乘坐十次奴隶船的时间，这可怎么办？

作为生活在现代日本社会的市民，我们如果处在这样残酷的状况里，最先能做的也只有微笑了。这份笑容，可以拉开我们与乘坐满员的电车“毫无办法”“理所应当”的想法的距离。

可能有人会觉得，将满员的电车的混乱程度比成奴隶船不够谨慎。重要的是，加藤的讨论不只是单纯的挖苦与讽刺，而是提出了一个具有社会性价值的问题。

这并不是要弄一个正经的人。P.L. 伯杰说：“缺乏幽默感是一种知识上的不利条件。正因为如此，缺乏幽默感的人是很可怜的。”

过分正直地从正面看待问题，并不能把握自我问题的全部。在这个闭塞的现代日本社会里，比起正论，我们更有必要学会洗练知性的“敏锐地挖苦”。

能从统一的服装中脱身吗？

上班族男性要穿西装，打领带。与满员的电车一样，我们对这副打扮的重新审视也毫无进展。稍微夸张点说，上班族统一的时尚，象征着“滥俗的男性生存方式”。

1979 年，日本政府机关在社会上宣传节能，将男性上班族的服装改变为不打领结等轻便的装扮。政府为了节约石油，呼吁大家在夏天将空调的温度设定为 28 摄氏度。

半袖西装的节能打扮在这时粉墨登场。日本的夏天高温潮湿，所以人们希望能穿得凉快一些。当时的首相大平正芳[①]也穿上这种服装进行宣传。

半袖西装上衣的节能装扮设计得相当新颖。对于“都这样了为什么还要穿外衣”的疑问，大家都哑口无言。遗憾的是，上班族并没有机会穿上它，第二年这种装扮就消失于世间了。

---

① 日本官僚、政治家，第 68、69 任内阁总理大臣（首相）。

最近几年，一到夏天，经常可以看到穿着五分裤的年轻男子在街上走。有人会批评他们邋遢，但日本又没有男性穿短裙的文化，要想凉快地过夏，当然要穿五分裤啦!

我们也可以听到，关于男性的五分裤，有女性评价道：“不允许你们有腿毛。”跟瞄准女性市场相比，面向男性的美容院广告并不常见，不过也说不定很快就变得常见了，因为男性也要履行全身脱毛义务的日子快要到来了。

这些暂且不说，在现代，连私下穿的服饰都不能轻便，清凉商务着装的出现，让人们产生了新的烦恼：在商务场合中，究竟着装要简便到什么程度比较好?

日本经济新闻2014年5月26日的报道《男性清凉商务着装的忌讳》中，刊登了一些建议：“有的企业禁止穿POLO衫。职员不仅要遵守自己所在企业的穿衣规定，还要确认将要前往拜访的企业有怎样的穿衣规定。避开荧光色等花哨的颜色和花纹。全棉质地是最基础的。”

这么多忌讳导致很多职员觉得，还是穿西装、打领带最不容易出错。或者他们充其量在百货商店的专卖处，粗略地买齐“不会失礼的清凉商务着装”。

希望大家能认真想一下，多少顾客会因为觉得穿POLO

衫上班的职员“太失礼了”而对他们发火，从而给公司带来致命的损害呢？如果你要否定 POLO 衫，就得举出实际的例子。

最近市面上开始出售化学纤维质地的服装，它们使用了聚酯与聚氨酯等材料，具有速干性与除臭效果。那还有什么合理的理由，能令我们无视这些效果，在大夏天选择纯棉质地的服装呢？

节能装扮失败了，清凉商务着装应该能成功。但是，二者都被不知是谁规定的“商务礼仪”框住了。

当然，在某些场合我们必须穿西装、打领带。我们并不否认存在这样的场合，我们只是很关注这个问题：为什么要放弃思考，遵从习惯，穿着“不失礼”的统一服装呢？

我们可以自己判断在什么场合穿什么服装是比较合适的。商务人士应该具有这样的判断力与想象力。

台风天不要去公司

在台风接近的新闻中，与台风规模和前进路线一同播出的，还有城市中心的商业酒店与胶囊酒店客满的消息。在第二天的电视节目里，会出现在车站接受采访的上班族，他们对记者说:“我今天早上五点就从家里出发了。”

在此我想问:“为什么情况都这样了，还要九点到达公司呢？”和西装、领带的问世一样，我并没否定有必要的场合需要我们这么做。

男性工作方式整齐划一，原因在于他们无法忽视时间与场所的制约。如果在早上九点不管怎样都要到达公司，他们就必须以此为中心，去组织自己的生活。

其结果就是，不仅是遇到台风这样的自然灾害，男性还不得不无视育儿、照顾老人，以及自己的身体状态等各种问题，坚持早上九点准时到达公司。

在育儿假的话题中我们提到的 Cybozu 的社长青野庆久，

之前曾将自己在台风天拍摄的公司内部照片放到推特上，配的文字为：“我的座位旁边空无一人，太搞笑了。”

台风时Cybozu公司内的样子

社长都把空工位照片发到推特上了，Cybozu 的职员们在台风天的早上不去上班也没什么问题。当然，也有人试图把行业不同当作理由，认为 Cybozu 是 IT 公司，所以能这么办。

但是，比起行业与工作内容，工作方式的安排与企业文化更加重要。在 Cybozu，职员可以选择“有无时间限制”与“有无场所限制”的组合，从四种工作方式中选择适合自己的一种。

该公司不仅准备了多样的工作方式组合，“可以打破时间与场所限制的工作”同样深入人心，因此职员对于如何工作，可以容易地作出判断，比如下午到公司、在家工作等。

Cybozu的选择型人事制度

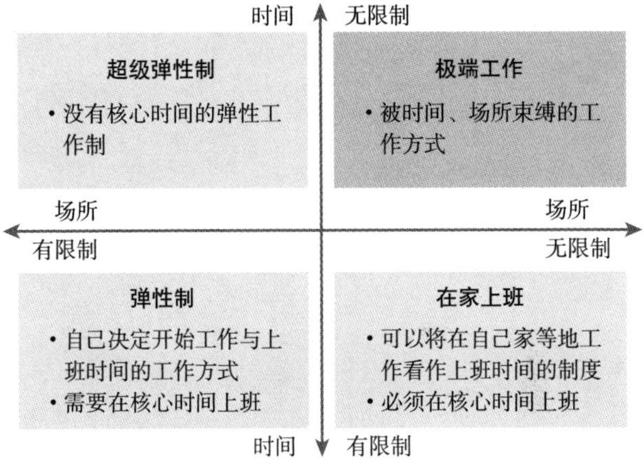

如果可以实现没有时间与场所限制的多样化工作方式，满员的电车问题也就能解决了。办公一条街上的餐饮店只在中午 12 点到下午 1 点混乱嘈杂的状况，也能得到改善。

我们还无法采取完善的对策，去改善男性长时间劳动以及家务、育儿等问题，因此还有许多上升的空间。让台风天不去公司的规定渗透入社会，并以此为契机，设法重新审视僵化的男性工作方式吧。我们一定可以创造出新的男性生存方式。

第三章 结婚真难

如果你想结婚，就要先恋爱

在如今的日本，说到结婚，人们想到的不再是通过相亲结婚，而是通过恋爱结婚。一般来说，如果你想结婚，就要先恋爱。怎样才能坠入爱河呢?

在图书馆里，将手伸向书架，与想拿同一本书的异性手指相触，然后坠入爱河。流着眼泪坐上开往故乡的大巴，在车后，前男友正狂奔着追来。

我们很容易把恋爱当成浪漫的事情，可现实并非如此。著有《爱的艺术》的社会心理学者艾瑞克·弗洛姆，对“相爱”现象做出了如下叙述：

> 当男女双方考虑到他们本身的交换价值的情况下，已经找到市场上所提供的最合适的对象时，他们就开始相爱。

弗洛姆说，当在适合自己的范围内出现了最好的对象时，人就会堕入情网。我希望大家不要误解的是，弗洛姆并没有说这种恋爱方式就是好的。

在这个几乎所有东西都被商品化的社会里，恋爱当然也变成了资本主义性质的交换。我用“敏锐地挖苦”来解释这个道理，是为了引起各位读者的注意。

实际上有很多人在评价一对情侣时，会在意他们的相配性。外表就很简单易懂。看到路上有美女和相貌平平的男性亲密地走着，会有不少男性咬牙切齿地想：“明明我更合适啊……”

如果说得现实一点，在以结婚为目的的恋爱中，学历是非常重要的一个因素。学历相近的人更容易结婚，这是有统计数据证明的。

年龄也是重要因素之一。据日本国立社会保障与人口问题研究所 2010 年进行的调查显示，夫妻“相遇”的平均年龄，丈夫为 25.6 岁，妻子为 24.3 岁。基本上都是经过四年左右的交往之后结婚的。

在该调查的“相遇契机”一项，“在职场中认识的”和“通过朋友、兄弟姐妹介绍认识的”各占 30%，“在学校认识的”

仅占 10%。

在这组数据里，我们可以推断出，学生情侣最终基本都会分手。现在不用怕“情侣坐上井之头公园[1]的小船就会分手”的传言了——反正怎样都会分手，那就安安心心地去划船吧。

为保险起见，我先说明，我可不是在嫉妒学生情侣。如果你真的十分珍视现在的对象，既然知道了基本上所有的学生情侣都会分手，我从心底期望，大家都能认真经营二人的关系，成为属于那 10% 的人。

① 位于东京的一处公园。

恋爱变成了年轻人的义务

人们经常会有疑问，恋爱与结婚有什么样的关系呢？在现代，我们可以将恋爱分为“不以结婚为目的的恋爱”与“以结婚为目的的恋爱”。通过恋爱结婚的观念得到普及的时候，人们只认同“以结婚为目的的恋爱”。可以说这是一个巨大的变化。

恋爱从结婚里独立出来，变成了一件“可以享受”的事。听上去不错。但是恋爱正在变成一件“不得不享受”的事情。父母会经常担心孩子，对单身的男大学生说：“你没有女朋友吗？”

我曾询问过高中生：“你认为有百分之多少的大学生有恋人？”大家都充满底气地回答道：“80%！”高中生正在描绘着充实的大学生活呢。其实有恋人的大学生实际只有30%。人们都理所当然地认为：“你都是大学生了，肯定有恋人。”

尽管在数量上，单身男女占有压倒性的优势，但是他们都有种自卑感。对恋爱认识的现状正是个绝佳的例子，证明数量多少和势力强弱是两回事。

但是，当你说“我没有恋人”时，对方会说“你看上去像有女朋友”。这种时候，对方应该是有恋人的。这话可以解释为“你现在虽然没有女朋友，但我知道你是有能力交到女朋友的”。

有很多人坦率地表示，他们对恋爱毫无兴趣。如果对有恋人的人这样说，他们会常常居高临下地说：“你真不坦率。”

这正是现代恋爱令人恐惧之处。人们将“有没有恋人”与“能力的高低”结合起来理解，因此，他们不允许你有对恋爱毫无兴趣的态度。

对于那些不想恋爱的人来说，这种态度很令人困扰，但是女性可以更好地处理这种状况。在圣诞节，没有恋人的同伴们召开女子会，可以搞得相当热闹。

与此相对，一群男人过圣诞节，或者去迪斯尼乐园，总给人一种可怜的印象。“没有恋人 = 能力低下”这种观念，对从小就被赋予竞争宿命的男性来说，影响更大。

恋爱的难度在上升

从不以结婚为目的的恋爱得到认可开始，享受恋爱本身不只带来了恋爱的义务化，还带来了高度化。实际上，女性对男性条件的要求正在变得越来越严苛。

社会学者谷本奈穗对20世纪70年代、20世纪90年代和21世纪初杂志如何处理恋爱话题进行了对比。首先让我从毫无变化的项目说起。

男性还是一直在追求女性的“外表”。“男性是看的一方，女性是被看的一方”这种形式是很难被打破的。我们需要考虑的现状是，在感慨女性化妆时间长之前，男性只对女性富有魅力的外表有所追求。

有的大叔会一边死盯着街上行走的穿热裤的女孩，一边说：“嘿嘿，真让人忍不住啊！”此言一点都不虚，现状正是如此。我被震惊了，便死盯着大叔看。大叔转向我，我们两个开始对视。我平常都在实践着“四目相投就报以微笑运动”，但是我那个时候怎么也挤不出笑容。

在时尚方面，女性比男性更注意同性是否时尚，也有很多人沉溺于自我满足。但不管怎么想，请你记住，你是控制不了别人的视线的。

人们一直要求男性要有“高能力”以及可以“引领女性”。这是本书中多次出现的话题，“男性是引导的一方，女性是被引导的一方”，这真的是扎根于人们内心的金科玉律。

在 20 世纪 90 年代以后，女性的特征几乎毫无变化。男性希望女性有好皮囊、有女人味、伶俐等，谋求的都是与被引导的一方相符的特性。

在另一方面，男性则产生了巨大的变化，现代男性需要具有的新能力是温柔。但是，作为引领的一方，人们同样期待他们能“平日里温柔，关键时刻靠得住”。如果让我从男性的立场出发来说的话，这也太难了吧。

身为引导的一方的男性，为女性所依赖。因此，些许的强硬对男性来说是充满魅力的，关于结婚以及买房等重要事项，他们必须亲自做决断。另一方面，人们希望男性有时常能够照顾对方的温柔。

男性如果能觉察到对方的心情，在强硬与温柔之间灵活转换，那么他们受欢迎的时代就会到来。如果是这样，有的男性放弃恋爱也并不奇怪。因为他们觉得，在没有心灵感应和预知能力的情况下，是不可能满足这种要求的。

在此我们不能总是感叹，最近女性气场变强、男性在受虐。长年以来，男性一直要求女性要美，要顺从，如果你想抑制恋爱难度的上升，那就需要男女双方共同前进。

不要设定太多条件

也许有人会觉得，对恋爱与结婚的理想有高要求没有什么不对。我想请大家注意，我们是在讨论恋爱与结婚开始阶段的问题，并不是在否定对恋爱和结婚怀揣理想这件事。正因为恋爱与结婚生活即将开始，我们才要拥有远大的理想。

让我们想一下，如果事前设定太多条件，会产生什么问题呢？比如，某男性为未来的伴侣设定了“年轻、温柔、肤白”的条件。

首先，他这是在给自己制造损失。因为一旦设定了这样的条件，就会从自己的恋爱对象中排除比自己大的女性和皮肤黑的女性。如果戴着有色眼镜看女性，找到恋人的可能性就会大大降低。求职也一样，如果为自己设定好“适合自己的工作需怎么怎么样”，就会将自己框住。

有的男性不仅要求自己的恋爱对象皮肤白，还要求她们能够认真处理体毛。关于女性，男性的梦还是做得太过了。

体毛的多少是有个人差别的。男性有体毛多的，也有体毛少的，女性亦然。从年初到年终，我们都能看到电车里悬挂着面向女性的脱毛广告。男性才不会关心她们花在脱毛上的金钱、时间以及承受的身体负担呢！

结果最大的问题就是，男性在交往前对女性产生的种种要求，都不是自己想出来的东西。世间男性都在寻找“年轻、温柔、肤白”的女性，这种要求纯属无稽之谈。

不管世间公认的美女标准如何，先看清楚你有什么独特的爱好。重要的是，你应该丢弃先入为主的印象，去与女性接触。

男性习惯了从性的魅力出发评价女性。不只为了女性，也为了自己能够遇到好对象，男性还是改变这个习惯吧。

关于女性“年轻”的魅力

为什么男性会喜欢年轻女性呢？男人们的借口不外乎“男性想留下子孙后代是生物学的宿命”“喜欢年轻女性是没办法的事”之类的。这种借口也是很多男性为自己出轨辩解的理由。

首先我想问问这些男性，你们到底有多少生物学知识啊？既然要从生物学上理解男性的本质，知识水平肯定不只是初高中的程度吧！也有男性说：“喜欢年轻女性是刻在男性 DNA 上的。”那么请你详细解释一下，“刻在 DNA 上”究竟是一种什么样的状态呢？

女性没有必要配合男性的妄言。喜欢年轻女性也好，出轨也好，都和性别无关。

诸位男性，通过这样的客观描述，你们应该能明白，找生物学上的借口是多么令人汗颜了吧。各位今后一定得控制住自己。

为了对此进行深入的议论，让我们想一想女高中生吧。国民偶像团体的女孩们身穿令人联想到女高中生校服的服装，因为人们期待的不仅是年轻，还有清纯。坦率地讲，人们希望偶像“没有性经验”，高中校服象征的正是这一点。

男性之所以会对女高中生产生反应，是因为比起“年轻”，他们更期待“性方面保有初心”。说得更直接一点，他们想染指女高中生。

在 20 世纪 90 年代，援助交际成了社会问题。现在援交改名 JK[①] 生意，内容仍旧不变。男性不断地一掷千金，就是为了与女高中生们进行性行为的那份反差。

令人在意的是，20 世纪 90 年代也好，现在也好，大家都只注意援交的女高中生，很少议论参与其中的男性。我们当然需要质问女高中生为何做 JK 生意，同样我们也必须思考，男性为什么会热衷于这件事呢?

有太多的男性认为，女高中生以及她们的服装具有很大的魅力，因此我偶尔会尝试观察一下现实中的女高中生。40 多岁的我觉得她们都还是孩子，一点都没感受到她们身上具

---

① 女高中生的缩写。

有性的魅力。

现实中的女高中生都是孩子。即便明白这个道理，有的男性光听到“女高中生”这个词，就会产生性冲动。这是重病，赶紧清醒吧。

出轨真的令人愉快吗？

我在收听一位艺人的电台节目时，听到他在节目中如此感叹道："我总有种印象，女性会原谅男性出轨一次。"其实不只是女性会原谅男性的出轨，整个社会都在某种程度上对男性的出轨坐视不理。

如果男艺人被发现出轨，他会一脸严肃地举办谢罪会。出轨不会对他造成很大的影响，他可以回归正常工作。搞笑艺人甚至会把这件事当成一个梗，比如某人把出轨对象带回家，原本不会回来的妻子却进了家门，于是他赶紧将出轨对象藏在衣橱里。如果有这样的故事，那它绝对会成为炒热气氛的话题。

但是，当女艺人被发现出轨时，人们会对她非常冷淡。她会在出轨后的一段时间非常谨慎地进行演艺活动，在回归娱乐圈后，她也很难像之前一样开朗。

像这样允许男性的性奔放，却要求女性贞洁贤淑，用专业术语来解释的话，就是性的双重标准。用不同的标准评价男女的性，对出轨这一行为的反应也不同。性的双重标准是明显地歧视女性，并且仍旧残留于当今的日本社会。

如果封印起令你得意的“生物学”，还有允许男性独有的性奔放，并将其正当化的理论吗？如果你想出轨，那么也得认同女性的自由。如果你做不到，就别再嫌弃女性了。

我认为劈腿本来就不是一件令人愉快的事，这会让你对妻子或恋人不断撒谎，在圣诞节等节日时，你还得制定严密的日程表，能外出的场所也很有限。

有不少男性一边出轨，一边不明白自己到底在做什么。如果你深信男人都会出轨，就会让自己卷入不幸。

关于出轨，我想对身为出轨对象的女性提一些建议。有的女性会说：“我会为了成为他的女友努力！”如果这个男人是在出轨，和你明明没在交往，还保持着性关系，那他没什么要把你发展为女朋友的动力。你可不要被“我准备和她分手”这种话骗了。

他并没有将随便的女人升级为恋人或者妻子的理由，这听上去是多么冷酷。这个世界上男人很多，并且据统计数据，你的同年代有 10 万个以上的男人。拿出勇气来，迈出崭新的一步吧，我打心底支持你们。

为什么男性不对女性道歉呢？

不只是出轨，在给对方造成困扰的情况下，都要道歉。但是，男性很难对别人低下头颅。企业在发生丑闻的时候也是这样，我时常觉得不可思议，为什么不早点召开谢罪会呢？并且有些“了不起”的企业，一边郑重其事地召开见面会，一边摆出一副很不服的态度。那些站在社会立场上的男性还真是厉害哦！

让我们回到男女的话题吧。在本书的前半部分我曾讲过，男性是虚荣的。他们从小就被教育要参与竞争，因此觉得不管发生什么事，都必须高人一等。如果让他们道歉，他们总有种输给女性的感觉。总而言之，男人的虚荣是男女之间问题的原因之一。

如果站在女性的立场思考，男性给自己带来困扰，自己会被看扁，又得不到任何道歉，在这种情况下，爱情冷却下来一点都不奇怪。如果男性想要建立一段持久的关系，必须学会放弃虚荣，坦率地道歉。

实践最重要。如果各位男性想起了什么，现在就对恋人或者妻子道歉吧。

不过我可不是在征集各位的抱怨，比如“我特意跟你道歉，你怎么不原谅我！”之类的。对方接不接受谢罪，要看她的心情。谢罪是指就自己的过错进行道歉，并不一定和被原谅捆绑在一起。如果没有得到原谅，感情仍然一团糟，说明你的修行还远远不够。你要想摆脱虚荣，还有很长的路要走。

30 多岁的男性真的想结婚吗？

单身人士应该听过“我其实是想结婚的，但是结不了”之类的话吧。相亲从 20 世纪初期开始引发关注。基于日本国立社会保障与人口问题研究所的调查数据，人们开始讨论相亲及与它相关的具体数字。

接近 90% 的单身者都有结婚的意愿，但是未婚化仍然不断发展，因此社会上展开了关于必须采取某些对策的讨论。

现在 30 多岁的男性中近一半未婚。如果你听到这样的新闻，自然会受到“我也差不多该着急了吧”的煽动。

希望你能注意，是什么问题导致了这个数字的出现。实际上，只存在“总有一天会结婚”和“一辈子都不结婚”的选项，对一个调查结婚意向的问题来说是非常不充分的。

比如说，我没吃过榴梿，听别人说榴梿的味道难闻，那恐怕我这辈子都不会吃。即便如此，如果只有“总有一天会吃”和“一辈子都不吃”两个选项的话，我会选前者。因为我没有必要特意去发誓“一辈子不吃”啊。

社会调查可以通过题目的设置与排列，在某种程度上控制答案的比例。当你看到具有冲击性的数字时，请想想我说的这番话。

我们反倒应该注意另一个选项。在日本，结婚是理所应当的事，但是平均每10个单身男子中，就有接近一人宣誓“一辈子都不结婚”。

一般来说，这个数据可以解释为“他肯定是在逞强”和“他的想法突然改变了啊”。但是请你千万别忘了，迄今为止，结婚和工作一样，发生了巨变。

想想自己想要怎样的生活

这个世界上充斥着各种以情侣为对象的活动。因此，有的男性会自卑于没有恋人和无法结婚。

也有人觉得，虽然没有关系亲近的女性，只要自己有朋友就行了。就算已婚的朋友增加了，很难再邀请他们，也可以加入一些兴趣小组，制造与人交流的机会。更为彻底的想法是，一个人反而能享受许许多多的事情。

比如卡拉 OK。通常卡拉 OK 的包厢是按人数收钱的，人越多，唱歌的机会就越少。为了满足自己唱歌的心情，一个人唱最合适不过。

如果要邀请别人看电影，就不得不照顾对方的兴趣。一个人的话，可以不选热门电影，也可以反复观看同一部电影。总而言之，个人行动有其相应的优点。

生活也是如此。有的人喜欢被家人围绕，也有人想要保持个人生活的节奏。重要的是，你要认真想想自己想过怎样的生活。

有的男性打心眼里渴望结婚，他们一直单身，并不是出于本意。我希望这些人明白，结婚的目的是什么。如果在意别人的闲言碎语，“我想结婚，对象是谁都行”这种态度对女性而言十分失礼。女性并不是你提升社会地位的道具。

只要结婚就能得到幸福，这种想法本来就是不正确的。结婚对象不同，结婚的内涵也完全不同。相信常识，只遵循形式，是不能幸福的。

中年单身汉的烦恼与不安

事实上，中年单身汉的烦恼多如牛毛。结婚是“普通”的，这一常识深深扎根在世人心里。男人一过35岁，就不再被当作年轻人，因此会在很多场合感到不舒服。

住宅就是一个典型的例子。单身公寓都是面向年轻人的，中年不婚男被排除在外。他们明明单身，还不得不住在便宜的房子里，人们都会觉得这些大叔可怜。要在这种不安中过日子，他们面临的形势实在严峻。

如果他们搬到以家庭为主的房子里，周围都是一家人在居住的话，也会感到不舒服，会变得更加孤立。现状就是，很难有房子能让中年单身汉安心居住。

因《赌博默示录》[1]出名的福本伸行，曾著有一部叫作《最

① 福本伸行的开司赌博三部曲的第一部，该系列截至2008年已经售出千万册以上，2007年被TV动画化。

强传说黑泽》[①] 的漫画。漫画的主人公黑泽是一名44岁的单身汉，从事的是土木工程方面的工作。关于中年单身汉居住环境的不舒服，他曾说过这样一番话："我是去咖啡店还是电影院呢？我们这些未婚的中年单身汉，奇怪地与人群脱离开来，没有可去的地方……无论如何我都在想……这脸上无光究竟是什么东西？"

① 福本伸行编写的一本少年漫画类型的实体漫画作品，作品讲述了一个平凡甚至失败的中年大叔黑泽，为了生活和尊严努力奋斗的故事。

我们不能单纯地用被害妄想来解释这种不安。结婚和工作已经变成证明“男子气概”的重要因素了。全职工作，养活家人，这才是人们期待他们扮演的角色。由于中年男子没有回应人们的期待，因此不管在哪里，他们都会觉得不舒服。

黑泽有段台词，令我们感同身受：“我不再如此在意情侣了。比这性质更恶劣、更刺眼的是，带着孩子的！如果我的人生……就平均而言……能认真进行的话……现在……”。

台词到了“现在……”，就断了。但是我们一看便知，大概是想说结婚生子吧。

男性如果过了 40 岁还是单身，人们就会觉得他肯定有什么缺陷。这就是一种偏见。现在竟然还有人能若无其事地说出这番话。估计因为他自己结了婚，想说自己是“正常”的吧。那我们就能明白，人们觉得在恋爱中，“已婚未婚”与“能力高低”是挂钩的。因此像黑泽一样的中年单身汉，会有一种自己一事无成的焦躁感。

上钩的鱼就不用喂饵了吗？

我经常会听到女性抱怨自己的男友，明明在交往之前很温柔，成为男友后就什么都不为自己做，甚至有一种过分的说法叫作“上钩的鱼不喂饵”。

另外，很多男性都为怎么接近女性而烦恼。如果功夫不深，是无法从女性那里打开入口的。因此他们只追求有好感的女性。

词典上对追求的解释是：“让异性遵从自己的意思，不断用语言逼近对方。”简单来说，是男性将自己成为恋人的愿望强加给女性的行为。词典里写的是“语言”，其实一般还包括送礼物和请客吃饭等。

女性不要因为经常被追求而开心，这不是说明你受欢迎，而是你被要求遵从对方单方面的心情，请坚持自己的想法吧。

从男性一方来看的话，使用浑身解数获得女性的同意才是重要的任务，因此，他们没有必要在追求成功后继续保持温柔。

关于这个问题，为世上的男女招致不幸的，是“男性是引导的一方，女性是被引导的一方”这条常识。女性在交往后会感觉到缺少些什么。如果让男性来说，那就是他们交往前的负担太沉重了。

过于热切追求女性的男性可以交到女朋友，结果只会令不幸的女性增加。

问题是温柔、性格好却内向的男性找不到女朋友。我曾采访过一位从未交往过的男大学生。从他的话里我能听出来，他是个认真学习、性格正经、考虑周到的男孩子。

他从心底觉得，交到女友后会珍惜她，但还是流露出“如果对方说要我来引导的话，是最令我痛苦的”之意，“所以我放弃谈恋爱了”。肯定会有女性能与这种男性相配。除了“追求与被追求”的做法之外，他们还需要找到能增进男女关系的方法。

眼镜男其实也挺好的

不出挑也不积极的男性应该怎样赢得女性青睐呢？在现代，我们无法期待由女性发出信号，这可是个大难题。我们能做到的，就是在社会上传播谦虚男性的优点。

每部漫画里基本都会有戴着眼镜的男人的老土形象，也就是所谓的配角。戴眼镜的人令人觉得认真、聪明、消极。他们与主人公相比毫不起眼，在人气投票中也不会名列前茅。但是他们经常在故事中承担重要角色。

漫画《灌篮高手》令加入篮球部的学生戏剧性地增加。这部漫画中有一个名为木暮公延的眼镜男。

在《灌篮高手》里，除了主人公樱木花道，其他角色也很有个性和人气，比如流川枫、三井寿、宫城乔治，都是帅哥，在维基百科上都独立成条。而木暮只出现在词条“《灌篮高手》中的登场人物”里。

木暮没有学坏，一直坚持参加社团，这和在体育馆里大闹一场的三井寿不同。木暮在三年间经受住了严格的训练，竟然还被一年级的学生夺走了主力的位置，变成了替补。

湘北高校篮球部里，个个都是能力强的问题少年，因此必须有人当幕后人物。篮球不是个人竞技，而是团队运动。木暮毫无怨言，淡淡地揽过这项任务。

木暮确实不起眼，但是会有女性觉得他很有魅力。不管女性认为理想的男性形象应该是什么样的，跟是否与自己相配一比，绝对不是一个问题。

当像木暮一样的男性能得到更好的评价时，男性更易生存的社会就会到来。有消极的男性，就会有积极的女性。仔细思考后你会发现，不认同这种个性的想法是多么不自然。

现在越来越多的大学生没看过《灌篮高手》，反倒是看过的学生很罕见。这部漫画对30多岁一代人来说是必读的，而对今后新入职的职员，都不能用《灌篮高手》来举例了，就算你说“像海南的宫益那样坚韧不拔地去做事业吧”也没用。

我想对年轻人说，不看这部漫画，对人生而言是损失。为了配合上司的发言，请大家在学生时代把全卷都读完吧。

接受“为什么不明白呢”

好不容易结婚了，却没有开始愉快的新婚生活，夫妻俩开始一个劲儿地互相仇恨。男性经常难以理解女性说的“为什么不明白呢”。正如之前我所讲过的，我们这些非超能力者，是不可能读懂对方的感情的。

男性是基于“竞争”被培养长大的，与此相对，女性从小被教育要“协调”。女性都想寻求共鸣，并且越珍惜对方，这种心情就会越强烈。

这到底是怎么回事呢？比如，看同一部电影时，如果对方说无聊，不管是谁都会觉得他很讨厌吧。

要是网上的议论，稍微生气一下也就过去了。因为不管别人怎么想，反正自己觉得是部好电影就行了。

但对方不是陌生人，而是对于自己十分重要的人，应该怎么办呢？你会失望地想：“真是不明白这部电影的好啊……”让我们改变一下观点。越在意感受的不同，说明我们越重视与对方的联系。

有很多男性将女性的“为什么不明白呢”理解为她在生气，但是这种理解是错误的。她们不是在责备你们，而是向你们传达要求，希望你能理解她们。

一旦女性发脾气，男性就会变得十分警惕。夫妻关系既不是竞争，也不是战斗，在感叹妻子心情不好之前，先试着解除自己的斗志如何？

世代更替会产生变化吗？

关于结婚与家人，有一种乐观的论点是，在年轻一代承担社会的中心角色时，社会就能比现在更加承认多样性。一份以大学生为对象的关于男子气概的调查显示，确实存在昭和一代无法理解的男学生意识与时尚感。

首先，他们不认为应该由男性请客吃饭。在我还是大学生的20世纪90年代后半期，还有男性要请女性吃饭的习惯，至少也要多掏点钱，因为这是一种礼节。

人们最支持的结账方式，甚至都不是AA制。现在年轻人习惯的做法是，严格按照个人吃的食物价格付款。如果自己点了700日元的意大利面，女友点了800日元的鱼贝鸡米饭，那就没有各付750日元的道理了。

关于时尚，修眉已经成为一种常识。20世纪90年代后期，资生堂开始面向男性发售修眉套装。我也很感兴趣地购入了一套，并且坚持修了一段时间眉毛。

但是，不管去哪里，我都得不到好的评价，还常常被人嘲笑。现在拥有美好眉形的男性可别忘了，你们是站在我们这些年长者的尸体上获得自由的。

关于约会中吃饭费用的支付

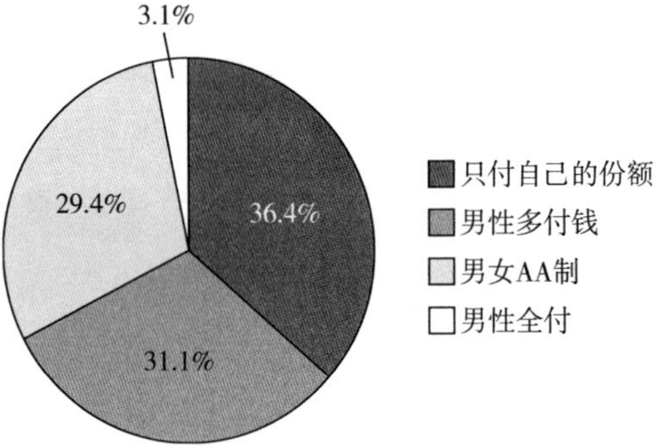

问题：你认为应该怎么在约会中支付吃饭费用？

调查方法：笔者在武藏大学与学习院大学进行调查（2012）

服装基本上要紧身。我曾见过十分瘦弱的男孩子喝着保健茶。他不是在增重，而是在减肥。总而言之，最近的男性在逐渐变得女性化。

这个现象看上去十分吸引媒体。但是，站在专业男性学的立场上来说，这并不是重要的变化。我们之所以会觉得他们奇怪，单纯只是因为我们上了年纪，没法理解年轻人的流行趋势。对此小题大做、夸大其词的男性论点毫无价值。

我们反倒应该注意，到底什么没有发生变化。基本上所有的年轻人都认为，告白与求婚等重要的决断应由男性来做。归根结底，“男性是引导的一方，女性是被引导的一方”这个关系完全没有崩毁。如果你只关注表面的变化，就会忽略这样的本质。

在年轻一代里，人们不再苛求男性的经济能力，夫妻共同工作的家庭数量必然会增加。因此肯定会出现与现在不同的家庭形象。但是如果男性仍然需要承担引领任务的话，在家族形象的基础里，还是会残存着“男主外女主内”的思想。夫妻共同工作的家庭在增加，那么目前男性承担今后时代的家族形象是不够充分的。

男性理所应当承担挣钱任务的时代即将结束。如果只是修改应对方法，就会波及男女双方。与性别无关，我们需要灵活地将工作和家庭结合起来。

为了制造出新的家人形象

国家制定了增加男性家务与育儿时间的数值目标。但是，如果不改善长时间劳动的状况，是不可能实现这一目标的。让我们再次确认一下，男性一天工作 10 个小时，通勤两个小时，还要花两个小时在家务和育儿上，总计就有 14 个小时。那他们什么时候才能睡觉呢?

男性要全职工作 40 年。只要不打破这个常识，我们就无法摆脱“男主外女主内”的刻板印象。在今后夫妻共同工作的家庭占大多数的时代，男性需要灵活地承担在家庭中的责任。因此，我们应该从根本上重新审视男性的工作方式。

具体来说，男性需要能够“普通”地选择取得育儿假和短时间上班。这里的“可以选择”非常重要。如果男性必须这样工作，会变成强制他们按照特定的生存方式生存。

在今后的社会中，多样性变成了一个重要的关键词。各种各样的人可以认同彼此的差异生活下去。在此我们主要围绕着夫妇俱全的家庭进行谈论，单亲家庭不会被人在背后指指点点，单身生活也没必要觉得脸上无光。

夫妻共同工作理所应当，男性没有育儿假和短时间上班会很奇怪，如果这样想，就会诞生新的歧视。完全相反的“女主外男主内”也没关系，有主夫也没关系。

我们需要整顿出一个好的环境，令大家就算暂时辞职专注于家庭，也容易回归工作。如果社会能变成这样，那么只能过着工作一边倒的生活的男性，也可以获得巨大的自由。

就算整顿好了新工作方式的计划，如果没有形成驱动它的意识，一切都是无用功。改变社会的口号是“爸爸在家也不会让我不安”。请将这句话铭记在心，去改变社会吧。

生孩子不是一种义务

结婚一段时间后，会有人理所当然地问你："还没有孩子吗？"最近奉子成婚的例子不再罕见，刚领完结婚证，就会有人来确认你的妻子是不是怀孕了。多数人觉得，有孩子的家庭才是"一般的家庭"。

现代有很多夫妻被不孕所困扰。如果两人正在拼命创造孩子，就算你提的问题没有恶意，也有可能无意间深深地伤害了对方。

人们很难在浅尝辄止的谈话中挑明，自己正在治疗不孕。因此在被问到这个问题时回答"还不太想要"是最安全的。这样提问的人就不会发现自己伤害到了对方。

这样的问题也有可能会对女性形成骚扰，你们要知道，我们自以为了解的关于不孕的知识是有偏差的。不孕的原因不一定在女性身上，也有可能是在男性身上。"男性不育"这个词终于为世间所知晓。

以此为契机，我希望大家能正视这个问题，“即使想要孩子，也不一定能怀上”。你也不想因为自己的无知伤害到别人吧。

也有的夫妻因为个人意愿不想要孩子。在这种情况下，他们既不会被育儿夺走时间，也不用花教育费。有人觉得，这种人是擅作主张、无比任性的。

但是，选择什么样的生活方式是他们个人的自由，生孩子不是义务。如果想珍惜只属于夫妻二人的时间，选择不要孩子，也是可以理解的。

不管有没有孩子，在别人看来你的家庭是不是“普通的家庭”并不重要。只要你认真对待“自己想成为怎样的家人”这个问题，就已经足够了。

结婚不是终点，而是开始

有人想要早点结婚，觉得结婚了就安定下来了，这是一种极大的错觉。与在不同的环境中长大、有不同价值观的人一起生活，哪还有什么安定？只有不安定。结婚就是对立与争端的持续。

也有不少人想借结婚来挣脱日常生活。可能是结婚信息杂志《ZEXY》的广告不断扩散，让他们产生了误解吧。结婚典礼不是日常生活，婚姻才是日常生活。况且，跟单身的时候相比，在婚姻生活中，能自己决定的事情大大地减少了。

如果你觉得自己做不到和配偶步调一致，也没必要勉强自己结婚。跟[illegible]人结婚与跟不适合的人结婚的结果大不相同。很多人只是因为到了适龄期就为了结婚而结婚了，这样不但不会得到幸福，反而是一种不幸。

如果即便如此，你也有想与之结婚的对象，或者已经结婚了，那么请允许我给你们一些建议。

在婚姻生活中最重要的，是怎样制造出好的关系。如果“不给钓到的鱼喂饵”，那么婚姻生活是不可能顺利的。有一句耳熟能详的话就是：“结婚不是终点，而是开始。”

你不能因为妻子预想之外的思考方式和行动失望，用自己脑袋里擅自制作的标准去衡量她“和我想的不一样”，这也太幼稚了吧。如果是少男少女的单恋，怀抱擅自的妄想是单纯无害的。请你坦率地接受吧，结婚是现实的，现在映入你眼帘的妻子也是真实的。

如果你脑海中的妻子一直是一百分的状态，并将持续下去的话，婚姻生活会变成一场失望，不久就会冷却下来。如果给每一次理想与现实的偏差都扣分的话，总有一天婚姻会变成零分。

如果说结婚是开始，那就不应该减分，而是加分。原本你以为妻子爱干净，她却在吃早饭时将面包屑撒得到处都是，已经到了不知道本人在吃还是衬衫在吃的程度了。说不定你的脑海里会浮现出这样一个疑团，难道在衬衫上养着一只平面青蛙①吗？

---

① 漫画《全力青蛙》中的主人公ピョン吉的绰号，它在T恤上以平面的状态生活。

是给她减分——“为什么这么邋遢啊”，还是给她加分——“意外的马马虎虎还真可爱”，会在很大程度上改变婚姻生活的走向。不减分，加分。请你把这个道理铭记在心，你俩好不容易才有缘结婚，去培养二人的美好关系吧。

结婚的本质在变化

结婚这个制度不可能立刻消失，今后也会有很多人选择提交结婚申请书、入籍的形式吧。但结婚的本质的确正在发生变化。

经常会有人提出，结婚的优点是能拥有自己的孩子，这种想法是近代才形成的。

让我拿出有点早的数据来吧。在过去的日本，如果男人没有孩子，会收养一个养子继承家业。1953 年有 73% 的人赞成这种观点。可能生活在现代的我们无法理解，在当时，比起血缘，不让家业中断更重要。

本来在通过相亲结婚是主流的时代，连自己选择对象都不行。包括收养养子在内，可以说过去的婚姻与当事者本人的意志没什么关系。

现在仍然有一种习惯，在两人决定结婚后，男性要去对方父母那里拜访。父母有可能因为有年龄差、从事的职业不稳定等种种理由，无法立刻接受二人的婚姻。但是已经基本上不存在因为父母不允许而分手的人，“私奔”也已经是一个古老的词语了。

收养养子继承家业比较好吗？

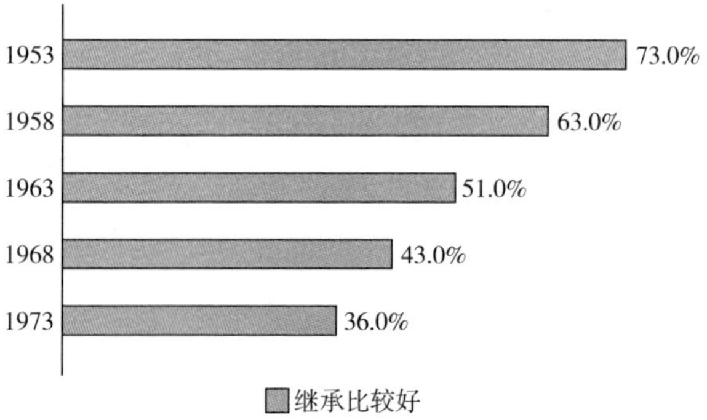

出处:《图说战后舆论史》（日本放送出版协会）

我们在结婚方面已经获得了巨大的自由。单身的人增加，离婚率高，都作为负面的新闻被报道出来。不过考虑到世间变得更尊重个人意志了，这反倒是个“好变化”。

被适龄期、相亲等基于陈旧结婚观的话语所驱使，没有认真思考就结婚，真的是件好事吗？请看清楚我在此推荐的婚姻与家人形象，是不是与承担起新时代相吻合呢？你没有必要为了能让周围人安心而结婚。

确实，一直问为什么结婚，和谁结婚，什么时候结婚，是件很难的事情，因为这个世界自由度很高，需要自己去思考的东西当然随之增加了。如果用更正确的说法来说的话，关于结婚，我们不是“必须思考”，最好是“可以思考”。

第四章 价值观的不同真难

锐减中的暴走族

每年的胡闹成人仪式都会成为话题。有不少中老年人会看着电视，感叹最近的年轻人不成器。举特别日子的特殊事例来对全体年轻人一概而论，这也太奇怪了吧。我还不至于把它当成问题。

请冷静地回想一下。如果生于昭和一代，他们会有“过去可不是这样”的坦率想法。1980 年前后，暴走族[①] 成为一个极大的社会问题。

暴走族人数最多的时候是 1982 年，其数量攀升至 42510 人。有 712 个暴走团体，每个团体大概由 60 人组成。

不仅在成人日，这些团体每天都重复着暴走行为。团体间的抗争与吵架也是家常便饭。他们不只是暴走，有时也会实施暴力。

---

① 日文飞车党之意。

最近几年，暴走族的数量在锐减，2000 年减少到两万人左右，2010 年减少到一万人左右。2013 年，终于减少到了 5000 人左右。

暴走族团体、人员数变迁（1979—1983）

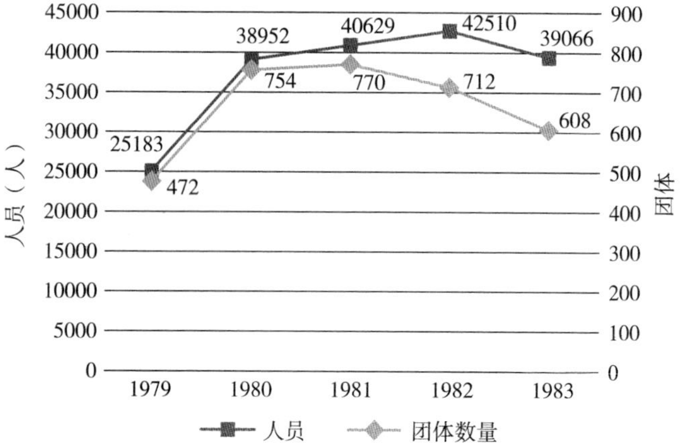

出处：警察厅《暴走族的动向及逮捕情况》

暴走族人数为什么会减少呢？当然警察对其的取缔功不可没。让我们从弱者论的观点出发，去探究暴走族减少的原因吧。

第一个原因是，社会上在不断扩散一种观点，那就是：暴走以及暴力行为是老土的。实际上，现在的大学生在看暴走族视频的时候，会笑声四起："他们真的会做这种事吗？"对他们来说，暴走族只是在相声与动漫中登场的角色。

暴走族团体与人员变迁（2007—2013）

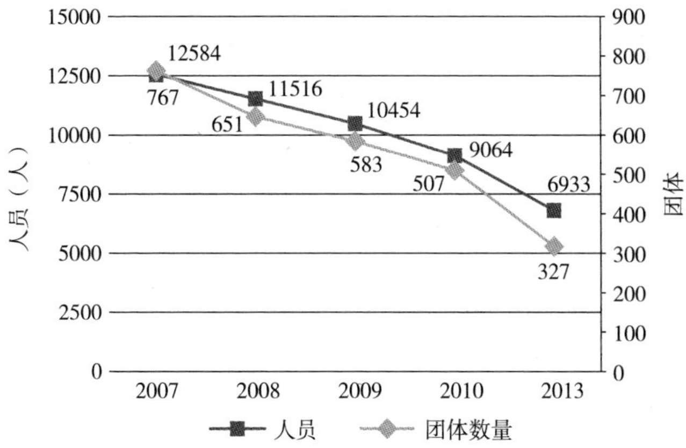

出处：警察厅《暴走族的动向及逮捕情况》

我曾在自家附近看到过暴走族打扮的年轻人，但是只有两个，并且他俩很遵守交通规则，认真地在红灯时停车。既没有"暴走"，也不是"族"，他们只会被当作喜欢机车的年轻人。在被极端的报道左右感情之前，我们必须注意到这些变化。

第二个原因是，对集体行动有抵触感的年轻人正在增加。从暴走族自身的变化，我们可以窥见这个倾向。2000年一开始，暴走族的总人数还有接近两万人，每一个暴走团体也只有 20 人左右。如果考虑到过去有 60 个人左右的话，你就会明白，在年轻人中组建一个巨大的团体是多么困难。

暴走族是被统率得很好的团体，等级森严，管理严格，基本上满 20 岁就要离开团体。为了在公路上施行暴走行为，角色分担非常重要，比如，有负责甩掉警察的，还有防止在十字路口发生冲突事故，负责堵路的。总而言之，成员需要遵守暴走团体的内部规定，采取认真的集体行动。

暴走族式的行为，不管从时尚还是行动来看，都已经与现代完全脱轨了。你最好在与年轻人接触的时候牢记，你们对于团体行动的价值观是不同的。

说给觉得“我过去很坏”的大叔

暴走族已经完全落伍了，还有大叔会得意地说“我过去很坏”。这对年轻人来说只是个玩笑，大叔不但不觉得羞耻，还扬扬自得。这种情况其实比一团糟的成人仪式更令人困扰，因为我们遇到的频率是如此之高。

正如我在第一章讲的那样，证明“男子气概”的方式，有达成和脱离两种。中老年男性如果没有什么特别值得夸赞的，那么为了宣传不“普通”的自己，会提出“我过去很坏”这种脱离现实的说法。这真令人感到遗憾。如果真的做了坏事，给人造成麻烦，就绝对不是自夸，希望他们能向受害者道歉。不过我认为这是不可能的，所以至少请你们将自己的过去留在心底。

虽说暴走族曾有数万人，可你不觉得自夸“我过去很坏”的男性也太多了吗？理由很简单，因为大半的大叔们讲得太起劲了。

“不对不对，”或许会有人反驳，“是因为年轻人听他们讲‘过去很坏’的时候很开心。”有这种感受是理所当然的。现在的年轻人不论男女都很“温柔”，懂得看气氛，会在听别人讲话时表现出很开心的样子。虽然中老年一代打算守护这样的年轻人，但也请你们准备好成为被守护的一方。

关于中老年男性夸赞自己的故事，还有“体检结果不好”，等等。原本人类最好的状态是健康。他们想炫耀，从健康这一人类共同的愿望中脱离的自己很厉害。这种故事无聊到让我难以下笔。

一把年纪了，什么社会成就都没有“达成”。他们为了掩盖这种焦急，吹一点“脱离”的牛。我虽然批判了这种做法，但我自己也是40多岁的中年男性，十分明白这种大叔的悲哀。

但是从年龄观点考虑宣传脱离的做法，就只剩下羞耻了。这正是从少年时期开始被置于竞争之中的弊端，我们也差不多应该结束这种状态了。

不是所有的大叔都很受欢迎

最近的年轻男子在草食化[1]，对此女孩子们有种美中不足的感觉。如果你相信现在有“男子气概”的中老年男性受欢迎，是一种比吹牛还羞耻的错觉。

原因在于奇怪的传言吧。问年轻女性自己看上去有多大，这样的男性不会消失。理由很简单，他们想知道自己是否可以被她们算进恋爱对象里。

我再重复一遍，最近的年轻人很温柔，会把你说低十岁左右。也就是说，“30 岁左右吗？”之类的回答只是她们的客套。如果你当真了，积极地宣传自己，那绝对是一种性骚扰。

为了在打工的地方避免这种问题，我建议女学生们，如果有中老年大叔问你们他的年龄，要语气粗暴地说：“您的年龄和外表挺相称！”

---

① 指没有强烈的恋爱欲，清心寡欲，对恋爱持宁缺毋滥态度的人。

确实,《ANAN》曾做过一期“我们是无可救药令你沉迷的‘成熟男人’”特辑。据该特辑所说,所谓的“成熟男人”是指从36岁到50岁,精神上从容,在意外表,不惹眼,有男子气概的男性。西岛秀俊[①]以及大泽隆夫[②]、长谷川博己[③]等人在封面登场。

中老年男性和他们相比,除了年龄和性别还有什么共同点吗?大家应该都没有吧。女性“无可救药沉迷”的,不是“成熟男人”,而是比年轻时更有沉淀,演技得到千锤百炼的演员们。

我们也没必要感到自惭形秽。普通中老年男性没必要和艺人们一争高低。和职业棒球手打棒球无敌一样,演员们有特别的魅力,这是理所当然的事。

当然,中老年男子可以把他们当作自己的目标。不是为了年轻女孩子的目光,而是为了自己,试着去磨炼自己的外表与体型吧。

---

① 日本男演员,曾获日本电影专业大奖最佳男主角。

② 日本男演员、制片人、主持人、模特。

③ 日本男演员,曾获日剧学院奖最佳男配角等多个奖项。

温柔、认真、在意细节系男子的时代

过去的男子气概会给人粗暴、不认真和草率的感觉。字写得脏，饭吃得粗，就算如此，人们会说“男孩子嘛，没办法”，继而原谅他们。

与此相对，人们对“女孩子气”的印象是温柔、认真、在意细节。在许多场合，女性可以展现出与男性不同的细节。现在站在女性视角开发的商品，都会给人这种感觉。

和暴走族的落伍一样，过去的“男子气概”在现代已经不通用了。不论男女，都要温柔、认真、在意细节。

我曾听到企业人士评价道：“最近女性比较优秀。”但是回想起学生时代，我们就可以明白，在学校不忘写作业，上课态度认真并且成绩好的，多是女孩子。

请把自己当作经理，试着思考一下招聘的事情，你肯定想聘用温柔、认真、在意细节的年轻人吧。企业过去都在乎“女孩子气”特性的重要性，因此女孩子们都会采取看起来很有活力的计谋。

男子也在不断适应这样的时代变化。他们也会借被认定为优秀来巩固自己的位置。一到求职时期就特别明显，很多男性变得很温柔、认真、在意细节。

不只是企业产生需要，女性自己也抛弃了过去的“男子气概”的标准。在男女明确分工的时代，男女的关系是女性照顾马虎的男性。但在努力制造对等立场时，她们没有理由选择粗暴、不认真、草率的恋人或丈夫。

如果是生活在强调男女不同时代的人，或许会觉得现在男孩子们的样子有点美中不足。但是，年轻男子不再赌博、饮酒、抽烟，靠谱青年在增加，是理所当然的事。各位想想看，这是不是值得感慨的变化呢？

“温柔”时代的年轻人

当然，不加批判地全盘接受年轻人的变化，是一种停止思考的表现。装成他们的伙伴对他们来说毫无益处。让我们注意“温柔”这个词的用法，探寻现代年轻人的问题所在吧。

社会学者森真一把“严厉的温柔”和“温柔的严厉”区别对待，试图接近现代年轻人的价值观。“严厉的温柔”是指为了不伤到对方而竭尽全力型的温柔。“温柔的严厉”是指为了对方的将来着想才严厉的一种温柔。

比如，朋友借给自己的漫画书超级无聊，你还给他的时候却说“好有意思”。如果要贯彻“严厉的温柔”，就要避免伤害对方。不管你心里怎么想，表面上都要完美地应对。

这种类型的温柔存在的问题就是，即使不是出于本意，也要将最初的态度保持下去。也许朋友听到你说有意思，就继续开开心心地把漫画书借给你。甚至在漫画被搬上大荧幕时邀请你一起去看，你没有任何拒绝的理由。

你迟早会忍不下去的。总有一天你会向朋友坦白："其实我并不喜欢这部漫画。"如果有人这么对你说，你会觉得"这个人突然在讲什么？""你一开始对我讲不就好了？"

当别人说自己喜欢的东西很无聊的时候，不管是谁都会不开心吧。就算这样，总比一直隐忍不言，最后才告诉对方真相造成的伤害小。当对方突然感觉到你的态度发生了变化时，很明显，你将失去他的信任。"温柔"时代的年轻人要理解这种危险性，表面的掩饰会诞生悲剧。

所以有人自以为是地得出结论，"温柔的严厉"才是正确的。借"温柔的严厉"的名头去体罚对方，用权力骚扰对方，这样的行为逐渐正当化。不论搞错哪个"温柔"都是很危险的。

重要的是，社会能整顿出令年轻人安心去摸索、尝试的环境。不只是年轻人自己"严厉的温柔"，我们也希望因为一点点对立和失败就小题大做的中老年人们，也能加入并推进这一进程。我认为成年人应该扮演这样一种角色，在对年轻人进行担心他们受伤的说教之前，请先告诉他们，就算受伤，也是可以复原的。

被误解的草食系男子

温柔、认真、在意细节的男子，就是所谓的草食系男子。现在人们对这类男子的误解在不断加深，“草食系男子”这种称呼稍微有点拐弯抹角，它作为揶揄消极男子的话，深深扎根于我们的生活。

“草食系男子”这个称呼原本是用作夸奖的，命名者是专栏作家深泽真纪。在深泽真纪执笔的《平成男子图鉴——彬彬有礼男与白面男[①]》一书里，描绘了除草食系男子以外的多种男子姿态。这本书意在肯定地描绘现代的年轻人，令年长一代理解年轻男性的行动与价值观。

哲学家森冈正博也阐述了关于草食系男子的观点。森冈正博在《草食系男子的恋爱学》中，基于自己过去身为草食系男子的经验，教大家如何与自卑感相处。我们重视“草食系”

① 指不能喝酒，一喝酒就脸红的男人。

这个词，不只是为了不同世代间可以相互理解，更是为了肯定那些安静沉稳的男孩子。

最近几年社会上有很多抨击年轻人的声音，这些声音对年轻人完全没有表扬之意，这种状况在不断持续。成年人只有靠批判年轻人，才能保全自己的自尊心。深泽真纪与森冈正博认真地提到了男人们的变化，草食系男子也被卷入了这波浪潮中。

关于草食系男子是怎么被否定的，让我来举个例子。在《ANAN》中，有一期名为“再见，草食系男子！”的特辑。让我们来倾听女人们的牢骚，了解她们为什么要与草食系男子说再见。

> 草食男子讨厌争端，躲避伤害，并且一直处于被动的状态。他们不会向你展示他们的内心，这是他们的难题。原本和他们在一起应该是轻松的，但是两人的关系变得毫无解决办法，因此闷闷不乐的女子随处可见。
>
> 《ANAN》（2010 年 11 月 10 日号）

首先我们知道，在人们开始使用“草食系男子”这个词时，大家都期待他们可以与女性建立很好的关系。当然大家喜欢的类型都不同，不能说所有人都是这样，但是比起粗暴、不认真、草率的男子，喜欢温柔、认真、在意细节的男子的女子更多。

但女性会因为男性的被动给自己带来困扰而生气。在此我要重复一遍各位已经熟悉得不能再熟悉的观点——“男性是引导的一方，女性是被引导的一方”。

实际上，我们在这个特辑中可以发现，男女的这种关系变得难以处理。在“询问汉子吉川晃司，不攻陷你的男人毫无价值”的报道中，刊登着这样的内容提要：“不要叩石渡桥，跳进河中游泳吧。”越是认真地说出这种话，作为一个段子，它的水平就越高。

在现代日本，为了否定草食系男子而提出肉食系男子的话题，这真是个玩笑。时代在不断变化。比起强行给男性绑上肉食的印象，不如考虑男性新的存在方式，这样才有实现男女共同幸福的可能。

远离恋爱与性的年轻人

你应该已经厌烦抨击草食系男子了吧。最近，人们开始从否定的角度，将对恋爱与性兴致缺缺的男性叫作绝食系男子。从男性论来看，这种称呼不是在攻击他们，因此没有必要当回事儿。但是如果这种误解扩散开来的话，会给男人们带来困扰，因此让我们稍微思考一下这个词吧。

大学生有性行为经验的比例正在下降。日本性教育协会的调查显示，2005 年，有 60% 的男大学生有性行为的经验，2011 年变为 50% 左右。有性行为经验的女大学生的减少幅度大于男大学生。

男女的性经验率一同下降，女性反而更加“绝食化”。人们期待女性对性消极，因此女性的性经验率下降，也没有作为问题被人们议论。“绝食系男子”开始得到使用，在这种背景里，我们可以明白一个“常识”：男性对性的看法应该是积极的。

就算性经验率下降，数字也只不过是回到20世纪90年代初的水平而已。在20世纪80年代前期，男大学生发生过性行为的比例为30%，女大学生则不满20%，与那个时代相比，可以说，现代的年轻人不论男女，都开始变得“肉食化”。

在性经验率逐年上升的时期，有许多人批判年轻人的滥交。数据上升也抨击，下降也抨击，其结果就是不管年轻人怎样变化，不去抱怨一下，总是意难平。

不只是性，时代不同，年轻人的很多行为都会发生变化，这是件非常正常的事。按照自己的“常识”去批判年轻人很简单，这样你的心情就能痛快多了。

理所应当地去抨击别人，可能只是一种麻痹自己的手段，这样批判一切事物，结果就会产生“严厉的温柔”，令年轻人在很多方面变得消极。

恋爱与性不只是愉快的事，同样包含了许多麻烦的因素。如果因为害怕争端，得出要远离恋爱和性的结论，这很正常。因此，如果成人对年轻人的看法一直如此的话，今后可能会出现更多远离恋爱与性的年轻人。

新数字原生代的诞生

现在其实有用来夸奖年轻人的话，这就是“数字原生代”，虽然它完全没有流通起来。数字原生代的意思是，母语使用者由于从出生开始和电脑就非常亲近，因此可以自由使用母语，熟练使用数码技术。社会心理学者桥元良明在《媒体与日本人》中提到，出生于日本 1976 年前后的 76 世代是第一代数字原生代。

桥元从网络利用的观点出发，总结了 76 世代之后的 86 世代与 96 世代的特征。

我们可以将 76 世代以后的世代命名为“PC[①] 数字原生代”，86 世代以后称为“手机数字原生代”，96 世代以后称为“新数字原生代”。所谓的“新数字原生代”，是指 1996 年以后出生的年轻人，这些年轻人主要利用先进的手机网络，自由获

---

① 个人电脑的简称。

得动画信息。

很多成年人不管让宽松世代[①]做什么，都深信他们比自己差，由此获得安全感。接受宽松教育的一代人开始成为新职员的时候，我曾读到过《宽松职员来了》的报道，这则报道简直是在耍弄他们。

但正如我写的那样，特别是1996年以后出生的新数字原生代，都是先进的年轻人，令上一个世代苦恼的数码技术，他们可以很好地使用它。

YouTube[②]于2005年登场，那时96世代才九岁，2008年iPhone 3G发售时，他们才12岁。76世代的我现在觉得新颖的话题，他们从小就很熟稔。中老年人连通过LINE[③]的摇一摇功能加好友都不会，更应该坦率地请新数字原生代的年轻人教自己。自己做出让步，就可以与价值观不同的世代处好关系。

---

① 指1987年之后出生的小孩，是日本以“重视人性教育”为教育理念培养出的一代人。因此被称作“宽松世代”。

② 视频网站。

③ 社交软件的名称。

可以无视网络上的极端言论吗？

我可不是在说傻话。或许有人会这么反驳："年轻人不是总在网上写些无聊的话吗？"我们的确经常会在 2ch[①] 的部分页面中，看到对女性以及外国人的歧视言论。令我们不忍卒读的内容有很多，当然会让人觉得不愉快。

最近的电视新闻中介绍了令我十分关心的话题，网络上的反应以及 YouTube 的动画。网络上的过激言论及行为，不仅限于新数字原生代世代，还进入了高年龄层人们的眼中。

首先，积极地在网络上留言、投稿动画的年轻人并没有这么多。留言与动画内容基本上都是正常的。和混乱的成人仪式一样，单凭显眼的一部分信息就来概括所有年轻人，这是错误的。

其次，我们需要记住，网络发言有容易走极端的倾向。

① 日本最大的 BBS 网站，相当于中国的天涯论坛。

前面提到的桥元曾指出，在匿名的情况下，想在众多发言里显眼的心理会容易诱发人们做出大胆的发言。更有甚者想分散集团中的责任，受到这种意识的驱动，也容易加速发言的过激化。

想凭借极端发言出风头的心理，很明显与证明脱离导致的“男子气概”有关。现代的日本社会不允许歧视，男人们觉得，主张“真实”的“我”超级厉害。在匿名的公告板上采取不负责任的过激言行，实际上是一件很简单的事。

我们之前探讨了各代人的不同，令人遗憾的是，一部分男性继承了这种关于“脱离”的吹牛，虽然各代人的表现方法并不相同。不止为了歧视的一方，也是为了男性自己，我们需要找到给人带来困扰之外的方法。

暴走族也好，过激的留言也好，不被当回事儿的话只会让他们空虚，因此我可以断言，新闻将极端的网络发言命名为“网络舆论”是毫无价值的。

从网络普及开始，就适用“忽略破坏者”的礼仪，然而人们容易忘记这种智慧。如果身边有这样的年轻人，请你教他们吧。

年轻人不再喜欢参加饮酒会

我最近频繁地听到这样的烦恼，公司的饮酒会[1]召集不到年轻职员来参加。基于之前的讨论，可以说年轻人的价值观正在变化，因此饮酒会这种文化已经荒废了。这个话题有点乏味，所以我只讲一点点吧。

越来越多的男性对赌博、饮酒、吸烟等过时的“男人的嗜好”毫无兴趣。在饮酒会上要抽烟、喝酒，职员不想参加也是自然。

我不抽烟也不喝酒，所以很明白这种心情。强迫别人喝酒的人在减少，所以你只要说“我酒精过敏”，也就糊弄过去了，但烟是避不开的。在充满二手烟的空间里待一阵子的话，身体会变得不好。在这种场合吃饭，谁都不会开心。

---

① 日本上班族独有的文化，下班后上司与下属或者同僚们去居酒屋，一边喝酒一边聊天。

让人无法接受的还有付账时的牵扯不清。当今社会的主流是，连约会都要按吃的份数算清账，喝酒的人和喝软饮的人要付一样的钱，怎么会让人想参加呢？

这种饮酒会最初有增进职员团结的目的，但最终只会让人想逃开。你能明白暴走族减少的原因了吧！牺牲自己也要为团体鞠躬尽瘁，这种价值观已经过时了。看上去你的人际关系变差了，但是从好的一方面讲，你能够按照自己的想法做事了。

工作时间结束后，我们想把时间用在自己想做的事上。如果你想做的事中包括去饮酒会，那么参加就好了；如果没有，那么不去就行。

当然，如果完全断绝职员们的交流，工作就不能顺利地进行了。所以，在讨厌饮酒与抽烟的年轻男性不断增加的现状中，饮酒会要想夺回原来的地位并不容易。我们需要开始尝试新的交流方式。

想去就去，不去也没什么关系

我推荐用小组活动代替饮酒会，以此为职员创造交流的机会。将兴趣作为共同点，谈话会比较起劲，对于那些什么都想尝试的职员来说，可以一圆他们的梦想。

就算在同一个公司，如果不在同一个部门工作，多数职员之间完全没有接触。我们可以通过与其他部门的职员交谈，理解公司作为一个整体正在发展怎样的事业。并且如果你转入的部门有同一兴趣小组的成员，也可以安心进行工作。

我们需要注意的是小组的运营方式。强制职员参加小组、严格记录考勤，都是错误的做法。在调查退休者的地方活动中，我学到的能令小组活动成功的秘诀是“灵活的组织运营”与“宽松的关系”。

灵活的组织运营是指为了提高自由度，采取只定下活动日或者人员等大体事项，必要的事情当场做决定的形式。不细致地制定活动规定，可以让许多人容易参加进来。

有趣的是，一个团体中会诞生出许多不同的活动。如果计划去温泉旅行，那么不可能全员都参加。想去就去，不去也没什么关系。还有，可以让喜欢将棋的人组建一个将棋小组。

虽说大家同属于一个团体，但如果经常一起行动，组织会太过紧凑。宽松关系对持续活动而言十分重要。

宽松是令小组活动愉快的重要因素。但是就算参加小组的频率再怎么自由，也得有一个要严格遵守的规定，那就是全员需要共同承担继续活动的任务。

不管建立怎样的兴趣小组，都要有领导和负责联络的人。如果组员嫌麻烦，只想享受小组活动，很容易产生麻烦。因此就算灵活、宽松，也必须遵守严格做事的原则。

反正都要下山，不上去就好了

与商务无关的兴趣，你不想在上面花费时间？如果你有以工作为中心的想法，就会容易产生疑问，兴趣有什么意义呢？那就让我们以登山为例，来讨论一下兴趣的价值吧。

就算爬到山上去，也肯定要再下来。如果是这样的话，那不爬上去不就好了吗？与此类似的还有开车兜风，漫无目的地开车，只能让人觉得是在浪费时间与汽油。

请回想一下你埋头于喜欢的事情里的那段时间吧。充实感是兴趣最重要的意义，而不是为了一定要达到某个目的。

登山这个行为本身就有愉快感，有价值。组建起兴趣小组，令公司内的人际关系顺畅，这只是次要的效果，只瞄准这一点，活动就会变得毫无乐趣可言。

当然，对那些因长时间劳动而烦恼的男性而言，“有兴趣”是个很残酷的话题。但是，如果你对某个活动感兴趣，这个活动就会成为一个契机，你会开始思考：“与工作没有直接关系的活动真的没有意义吗？”

并且，你可以通过兴趣建立起职场以外的人际关系。与公司里的熟人在一起，你们很有可能只聊工作的事。与不同职业的人交流，可以增加发现新构想与价值观的机会。

另一方面，有的人在工作中出不了头，却能在兴趣的世界里大放异彩，不是只有工作才能决定男人的价值。能发挥你长处的地方，可能不在工作中，而是在其他地方。

宅男没有任何错

在谈论有关兴趣的话题时，你可能会觉得篮球与五人制足球等运动很酷，对料理与茶道的印象也不错。

但是，不少人会否定动漫或者游戏等兴趣。同为男性，时代不同价值观也不同，评价最分化的，是宅男的兴趣。

从 20 世纪 80 年代起，人们开始使用宅男这个词。1988 年到 1989 年的连续幼女诱拐杀人事件，加上当时报纸上刊登的犯罪学专业人士的评论使人们对这个词产生了很深的偏见。

其中有一则评论是这样的：

> 26 岁男性沉浸在动漫等世界里的那种异常感，会导致产生疏漏的家庭精神纽带崩坏。将小孩剁得粉碎的动漫四处流传，这种社会一点儿都不正经。我有一种终于到了这一步的感觉。
>
> （《朝日新闻》1989 年 8 月 15 日晚报）

犯罪学专业人士认为，成年男性喜欢动漫是一件很奇怪的事。这番言论放在现代肯定会遭到攻击。也会有人指出，就算动漫表现的是虚构的故事，也不该有残忍暴虐的画面。

在这起事件以后，人们不断地批判宅男无法区分现实与人造物。每当幼女被害，总有人主张犯人是宅男。

我想请各位冷静下来想一想，动漫会给人的思考与行动带来如此直接、强烈的影响吗？我可没听说有小孩子由于看了动漫《哆啦 A 梦》而相信猫型机器人真实存在。

游戏也经常和动画、漫画一起受到人们的批判。在日本历史上，可没发生过由于玩马里奥赛车[①]太多次向前面的车扔乌龟的事件。

有成年人提出了这样的说法：因为游戏有重置键，所以现代的孩子们在现实中也很容易放弃。有的孩子会推翻形势一直不利的将棋盘，或者把奥赛罗[②]搞得一团糟。我已经不知道

---

① 以任天堂招牌游戏“马里奥”系列的角色所构成的趣味赛车游戏。

② 著名的棋类游戏，又称为“黑白棋”，其规则是在 8×8 的棋盘上的中心位置，先放入四个棋子，黑白各两个。然后双方轮流下子，在直线或斜线方向，己方两子之间的所有敌子（不能包含空格）全部变为己子（称为吃子），每次落子必须有吃子。最后棋盘全部占满，子多者为胜。

这些成年人究竟在说什么了。

只要不给他人造成困扰，不管把什么当成兴趣，都是自己的自由。由看低别人的兴趣来获得安心感的人，请你们试着找一找属于自己的兴趣吧！

为什么宅男会被歧视？

最近有许多观光地借与动漫合作来炒热地方气氛。秋叶原作为宅男之街众所周知，池袋也不断新开购物店瞄准宅男们的钱包，并且已经聚集了很多人。过去的我们怎么可能想象到，这种街道会有如此多的动漫周边。御宅文化已经融入日常风景。

为什么人们会一直歧视宅男呢？

第一，拥有宅男的兴趣的人往往没有男子气概。如果帅哥艺人在电视节目中热火朝天地谈论《新世纪福音战士》[①]和《机动战士高达》[②]，大家就不会把他们看轻为宅男，反而会因

---

① 日本动画史上的一座里程碑，在日本社会掀起被称为“社会现象”程度的巨大回响与冲击，同时被公认为日本历史中最伟大的动画之一。

② 该动漫自 1979 年登场以来，已成为日本动画作品中最著名、最经久不衰、最庞大、盈利最高的系列。《机动战士高达 0079》《宇宙战舰大和号》《EVA》并称为日本科幻动画的三大里程碑。

为他们这意外的一面提升大家对他们的好感度。

如果是骨瘦如柴的人、穿着格子衫的胖子或者卷着方巾的男性，扭扭捏捏地谈论着《新世纪福音战士》和《机动战士高达》，结果会如何呢？会让人觉得很宅、很恶心。

总而言之，外表与说话方式等方面给人阴暗印象的男性，在将男子气概评价为积极性的社会里，总会处于劣势地位。

第二，宅男感兴趣的动漫多为层次比较低的作品。如果你喜欢观赏迪斯尼与吉卜力的动漫，不会被批判为宅男。但是如果你喜欢画着美少女，有很多性场面的动漫，不管看过多少作品，看了多长时间，都会被看作宅男。人们会根据一个人感兴趣的对象，判断他是不是宅男。

第三，宅男会毫无节制地花费时间与金钱。每年到了AKB48 总选举[①]的时候，媒体上一定会出现购买惊人数量 CD 的宅男，所以我们也就可以理解这一点了。

总体而言，世人对宅男的印象是，消极，长大后还沉迷于有美少女的动漫，毫无计划地花费时间与金钱。

---

① 日本大型女子偶像组合，每年会举行总选举，CD 中会附上选举票，统计票数来给成员排序。

与此相对，“普通的男性”是指兴致勃勃地讲话，长大后不再沉迷于动漫，与现实中的女性恋爱、结婚，为了家人有计划地使用金钱的男性。

很多男性为了不让别人把自己当作宅男，会努力成为“普通的男性”。

宅男生活方式的普遍化

从外表和兴趣判断男性的优劣确实不好，还有人觉得，只关心自己的兴趣的宅男肯定有其奇怪之处。实际上，从20世纪80年代社会对宅男开始抨击，人们关注的不只是宅男的兴趣爱好问题，而是将焦点集中在了交流问题上。

但在2010年后，宅男的生活方式在年轻人中普及开来。在全体年轻人心中，比起团体活动，个人的自由更优先。

因此，“年轻人不懂”的看法是错误的。因为人们会基于这样的认识给年轻人贴上不明所以的标签。正确的做法是，将年轻人作为一个集体看待，但这是很困难的。

人们如果不拘泥于个人，更重视一体感的话，可能会觉得年轻人的变化十分令人悲伤。很多人主张人际关系回到像电影《永远的三丁目的夕阳》[①]里描绘的那样。

---

① 该片上映于2005年，以日本东京旧城区夕日町三丁目的一条商业街为背景，再现了1958年日本经济开始复苏时的普通人的生活。

片中的日本人看上去感情深厚、非常单纯，因为过去的日本是个必须互帮互助的社会，所以人与人的联系非常紧密。但我们不能因此产生错觉，在现代，对那样的关系稍微改变一下看法，都会觉得联系过于紧密是很麻烦的事。

现代人即使保持对他人某种程度的不关心，也可以生活下去，并且比起过去更能自由地生活下去。

如果每个人都自顾自地行动，社会就无法运转下去。这个社会需要最低限度的规定。比如，山手线的司机不顾规则与乘客的利益，优先自己的欲求，擅自决定“今天从池袋到品川不停站”，就会让人困扰。

我们既要尊重个人自由，也要保护社会全体的利益。拥有不同价值观的人在一起生活，每个人都不能只享受畅快舒适，不支付成本。我们不会被允许免费乘坐社会这趟列车的。大家需要认真地思考一下。

艺人打工有什么不好？

我们关注兴趣到现在，还讨论了关于年轻一代价值观的多样化，它同样会波及工作方式，对“普通的男性”的印象也在不断变化。男性在毕业后立刻工作，为了养活家人，必须一直工作到退休。男性为了自由地生活下去，必须重新审视这条规定。

以前我去浅草的时候，见过上过电视节目的搞笑艺人在做人力车的车夫。恐怕是因为只靠做艺人的收入，他无法维持生活，所以他才从事这份工作的。

对于这样的他，有人会嘲笑道：“果然靠做艺人的收入是活不下去的啊！”我认为这种想法令人十分遗憾。看电视的时候，如果我们看到定期放送的一发技[①]艺人节目，也会有同样的感觉。

---

① 指那些仅靠一个段子进行表演的艺人，特指“一招鲜，吃遍天”的搞笑艺人。

选择艺人这份职业，无法拥有安定生活的男性，是不会给他人造成困扰的。他们的自由不会给我们的自由造成任何威胁。

我们之所以否定艺人自由的生活方式，是因为我们认为演艺圈是个糟糕的圈子，做着普通工作的自己才是正常的。我们打心底接纳的是“普通的人生”，不会产生进入演艺圈的想法。

如今，当个正式职员来安稳度日的时代已经结束了。就业也不安定，不光是艺人，年轻男性如果有想从事的工作，那就去尝试吧。

我们应该同情的是已婚的中老年男性。如果他们突然辞职去做自己喜欢的事情，就没法还房贷和付孩子的教育费，甚至家人们会流落街头。因此不论发生什么，他们都要一直工作到退休。

在电车座位上张着嘴睡觉的大叔，在车站的站台上醉醺醺的。年轻人觉得，这种给别人造成困扰的大叔非常可怜。但是，就算讨厌，就算疲累，中老年男性也无法丢下工作不管。如果你心想：“我不想成为这样的大人。”那是很失礼的。世代间的相互理解，需要年轻人做出让步。所以你快感谢辛勤工作的老爸吧。

男人崇拜男人没问题，男人喜欢男人也可以

初中的时候我非常喜欢汤姆·克鲁斯[①]。《最后的武士》上映时，我买了写真集。只要是汤姆·克鲁斯主演的电影，我都会翻来覆去地看。

如果我公开说这样的话，大概会被当作段子。女性崇拜女艺人并不稀奇，而男性崇拜男艺人就很难得到众人的理解，这是为什么呢?

不能做的理由在于，这样会让人联想到同性恋。特别是各个年代的男性，都会对男同性恋持有较强的厌恶感。歧视男同性恋的人觉得，这人学历高、运动好，但是他是男同性恋，那就比自己差。他们深信自己喜欢女性这一点是“普通”的，是非常好的。

从经济层面上来看，在现代，成为普通的男性这件事越

① 美国著名演员、电影制片人。

来越困难，有种危险在于，借歧视他人来确定自己是“普通男性”的人正逐渐增加。就年轻男性来说，社会不仅要帮助他们就业，还要创造机会让他们从虚荣中挣脱出来。

2015 年 2 月涩谷区发行了证明书，认同同性伴侣的关系等同于夫妻关系。《朝日新闻》的报道称：“对区民与区内的企业而言，只要同性情侣持有证明书，就须把他们当作普通情侣对待，如违反该条例，会公开该企业的名字。”只要违反条例，就会受到惩罚。这是一个实际效力较高的做法。

能供同性情侣举办结婚仪式的地点与酒店正在不断增加。在日本，我们终于可以堂堂正正地讲述与性少数派人的权利相关的话题了。

一切看上去都变宽容了，但是还有人觉得，性少数派看上去很“可怜”，想帮助他们。这正是一种偏见和歧视。喜欢上的对象是同性，我们不该对这样的人特别对待。

基于“男性喜欢女性，女性喜欢男性”的常识采取一切行动，在学校和公司都会伤害到别人。这还是大家未曾耳熟能详的话题，请各位对此保持关注并进行思考。

越说越懂

在今后的日本社会，除了工作、兴趣或者恋爱对象，我们还有很多机会真实地感受到生活各个方面的不同价值观。虽然我们经常能听到在现实生活中认同价值观的多样性话题，不过这确实是不容易做到的事。

最重要的是，我们不管跟谁接触，都要保持敬意。毫无意义地敌视或轻视他们，都是极其出格的。不只是以工作为中心这一点，被竞争驱使，虚荣“男子气概”的生存方式等，都已经落伍了。

我们无法做到爱这个世界上所有人的所有人格。我们不是毫无章法地深入人群，而是要掌握与人保持适当距离的方法。这时候如果能拥有较好的会话能力，就会起到很大的作用。

一般的看法是，比起被按照“协调”的要求抚养长大的女性，男性更不擅长闲聊。他们容易出现纰漏，妄自下定论。

闲聊和兴趣爱好一样，对话这件事本身就是有价值的。

如果想跟第一次见面的人融洽地交谈，闲聊是很有效的，最近我负责的男性市民讲座也安排了闲聊的时间。闲聊时间的规矩是“不插话”和“不否定别人的话”。如果不解决这两个问题，男人们互相攀比自己的经历，可能会导致论战开始。

也有人担心：“成年男性会闲聊吗？”你只要讲述一下自己所想的，让对方认真听自己的话，这样大家就能开心地进行交谈了。我觉察到，男性也希望能够进行平时不会进行的谈话。

尝试进行谈话之后，合得来可以加深关系，就算觉得合不来，也没有关系。

如果你跟谁都能聊两句，就不会凭自己固有的印象去评价别人了。也经常会有这样的情况，你明明觉得上司很令人讨厌，在跟他交谈后发现，他竟然是个好人。当然也会有相反的情况。不管是哪一种，与他人进行交谈后，都可以将你从“深信不疑”中解放出来。

现在的年轻人很笨，宅男很恶心，同性恋不“普通”，如果你产生了这样先入为主的观念，可能会给他人带来巨大的困扰。并且，如果习惯了不思考，实际上会有很大的缺陷。

也有人持完全相反的看法，比如年轻人、宅男、同性恋者都有善良美丽的内心，这也是一种偏见。电视台基于这种偏见制作节目，可以说伪善至极。

不管怎么区分人的种类，有合得来的就有合不来的，有好人就有坏人，就是这么个道理。让我们抛开先入为主的观念，实际接触一下别人再做判断吧。

第五章

如何在今后的时代中生存下去？

要有停下脚步的勇气

你还记得我告诉男性的第一句话吗?

“先请你冷静下来。”

这才是生活于现代日本的男性最先应该做的。这既不需要什么技术，也不需要时间。

要在前景不明的时代里生存下去，你当然会感到焦急与躁动。特别是，我们很难预测今后男性的生存方式会发生怎样的变化。因此，我才希望各位不是像无头苍蝇般地前进，而是能停下脚步。

我采访退休者时，曾有一句话深深地留在我的脑海中。我问他们对退休前的生活有什么感想，他们回答道:“遗憾。”

他们说，不能再过上班族的“普通生活”，是一件很遗憾的事。

证明“男子气概”有两种方式，达成和脱离。成年男性吹的脱离之牛只是虚幻的东西。男性不可能全部取得光辉的业绩，对“男子气概”的执念不论年龄，都与男性的“难以生活下去”有密切的关系。

认真听过他们的话后，我发现了其他令他们遗憾的原因。专门研究男性学的我对这方面非常关心。

“关于工作，我一直忍耐到了某个时间点。总而言之就是感到麻痹并习惯这件事。人类不是有这种适应能力的吗？我可能是靠着它才跨越工作之难的。”

为什么人必须要工作呢？这是每个人刚开始工作时都会想的事情。但是迟早大家会把这个问题封印起来。因为不管你怎么想，男性都只能在退休前工作40年。他们麻痹了，习惯了，总而言之，就是停止思考了。

如果不再思考工作的事情，他们可以暂时逃过痛苦。但会随着岁月的流逝，工作在他们心中会变得模糊不清。

“总之我为了吃上饭，就得工作下去。人生不就这么过下去了吗？我没法回头了啊！”

停下脚步，冷静下来。这不是让你从工作中挣脱出来。如果你正处在退休者所说的“无法回去”的时间里，就应该付出努力，不要让工作时光留下遗憾。请用心好好思考一下，自己真正想做什么，继续从事现在的工作有什么意义。

不再跟别人比较

对于男性来说，停下脚步是一件很可怕的事情。因为他们从小就要竞争，谁都不想被其他男性超过。社会无法推广男性的育儿假与短时间上班，也是因为男性不想放弃出人头地的机会。

在工作日白天只有女性参加的市民讲座上，有人问我："我儿子非常消极，没关系吧？"她真的非常担心儿子的情况，眼里泛着泪花。

家长会担心男孩子怯懦，不擅长竞争。这话不仅可以用来描述孩子，同样适用于成年男性。

竞争会提高人的能力。确实有男性可以通过竞争发挥出自己的力量。但这种单纯的"远离"，无法套用在全部男性的身上。

也有部分男性认为，压力带来的结果是无法发挥出自己平常的力量。这种类型的男性在保持自己步调的同时，可以发挥出自己的能力。

我不否认通过竞争成长的做法，但是我希望大家可以认同那些擅长慢慢积累的男性。不用展示自己拼命的样子，积累型的男性也能带给别人安全感。请你们别被“男子气概”煽动，自乱阵脚。

我再强调一遍，自尊和虚荣是不同的，自尊是从对自己的成果、对自己的评价中孕育出来的。重要的是自己是否能接受这一点，并且从与他们的比较中脱离出来，保持正确的自尊心。

你不要在意输给别人，而是要因没有充分发挥自己的能力懊悔。快卸下肩上的重担，按照自己的步调，发挥出自己的最大力量吧。

认同自己的多样性

之前我已经讲了很多男性意识和行动的倾向，可能也会有女性觉得自己很符合这几条。反倒是会有一些男性完全感觉不到共鸣。

同为男性，也有很多不同类型。冷静思考一下我们就会发现，是很难将男性概括成同一种类型的，比起个性，我们更容易按照性别去判断他人。

我们自己也是如此。现在有很多男性从事着护理与保育的工作，这类工作之前被认为是女性才能从事的。男性可以自主地选择自己的职业。制作点心也好，四处品尝甜品也好，请做你喜欢做的事情吧。

不管是工作还是兴趣，你可能因为不知道自己想做什么而苦恼。如果不明白，就一直思考吧。有点烦恼并不是坏事。只要你坚持独立思考，能得出自己的结论就好。

当然，你也可以在中途改变看法。如果几十年来坚持同一个想法的话，人生会变得痛苦异常。

“高中新人”和“大学新人”这种词十分无聊。初中和高中很阴暗的人，把升学当成契机，变得开朗活泼，到底哪里不好了？在新环境里创造新的人际关系，借此我们可以变成一个崭新的自己。

承认多样性并不只是单纯接受别人的价值观。我们的身体里存在着脱氧性，因此没有必要把男性强行禁锢在一个模子里。

什么东西没变呢？

近几年社会上十分流行男性参加家务与育儿的讨论。同时让人在意的是，我们很难重新审视男性长时间劳动的问题，为了应对全职工作女性的数量的增长，男性必须负起家务和育儿的责任。

不管是在工作中还是在家庭里，人们期待中的男性角色都在发生变化，从男女的关系来看，我们也需要担心，“男性是引导的一方，女性是被引导的一方”的规定是不可能一下子发生变化的。我曾在第二章中提到过，让我们基于 2014 年以大学生为对象实施的调查结果，来讨论这个观点吧。

首先，关于邀请约会的行动，有 69% 的男性回答应该自己邀请，半数以上的女性认为男性可以不邀请。我这个 1975 年出生的人很难想象女性来邀请我约会。原来女性已经这么积极了啊！

其次，关于告白，65% 的男性和 73% 的女性认为应由男性来做。至于求婚，不论男女都觉得应由男性来做。总而言之，就算在现代的年轻人之间，告白与求婚这种重要的决断，仍然是男性的责任。

当我询问男性是否应该在女性的生日准备惊喜时，得到的回答中存在着巨大的男女差异。男性回答“准备”的比例较高，而女性基本都不希望对方准备惊喜。

我们能在电视剧里看到女性在生日宴会上欢喜的样子，不过这只是虚构的故事而已。即便是你想让对方开心，也有可能会给对方带来困扰，所以还是尽量少给女性一些惊喜吧。

让我们回到原来的话题。“男性是引导的一方，女性是被引导的一方”这种规定如果适用于工作场合的话，那么不管怎么增加女性的管理职位，基本上也都是辅助类的角色。并且，男性居于顶层的印象也不会发生任何变化。

男性比女性工作责任重，但是女性就算全职工作，也得承担起育儿的责任。因此夫妻两人明明都有工作，在孩子发烧的时候，女性却必须要去接孩子。

这就导致只要男女之间“男性是引导的一方，女性是被引导的一方”的关系仍然残存，我们的生存方式就会受到性别带来的巨大影响。是否深入探讨这个问题，是今后男女问题的要点所在。

别觉得你买束花就能得到原谅

在男女都能参加的市民讲座里，我讲了丈夫对妻子的爱没有减少，妻子对丈夫的爱减少了的故事。当然在提问环节，男性也会提出“怎么与妻子建立好的关系”这种问题。

特别是在没有好点子的时候，我能给出的“安全”回答是：“今天买束花回家吧。”但在那一瞬间，传来了女性怒气冲冲的声音：“别觉得你买束花就能得到原谅！”那声音无比可怕。

但是我冷静地回想一下，觉得她们生气是自然的。认为买束花就能让女性开心的我太肤浅了，没有认真思考是很容易被戳穿的。市民讲座的讲师与参加者只在这个场合中产生关联，是不会发展出什么大问题的。不过，如果一起生活的丈夫是这种态度，爱情耗尽也只是时间的问题。

请把“别觉得你买束花就能得到原谅”这句话，当作构建良好夫妻关系的暗号，深深刻进你的脑海吧。

让我们回到严肃的话题。现代日本家庭的样子有很多种，但一直以来，社会的变化并没有跟上家庭样子的变化。很遗憾，每个家庭都要努力应对家务、育儿，以及看护老人的问题。

定期创造讨论的机会非常重要，关于夫妻的相处方式应该如何发展的问题，应该会有不少男性觉得很麻烦吧。这种懒惰和买束花回家的冲动想法有很大关系。请注意，这样做的话你可是会受重伤的啊！

夫妻在一起不是自动地过日子，生活每天都会发生变化，不是搁置一下就会变好的。请各位注意到这一点，发展出良好的关系吧。

对未婚者根深蒂固的偏见

我们明明在谈论今后的时代，却把讨论的前提变成了情侣，可能会有人觉得不协调吧，我也一样。因此，让我们再一次对单身者的生活方式进行思考。

有人会有这种令人心烦的想法，就算住到没有熟人的地方，通过孩子们的关系，脸熟的人也会越来越多。如果你一直单身，再怎么渴求也得不到的，是他们在地方上的容身之地。

为退休者制造地方上的伙伴，这样的市民讲座要多少有多少。最近以父亲们为对象的讲座也在增加，它们可以帮你制造父亲之间的友情。

但是我没听说过以未婚者为对象的地方讲座。必要的不是相亲讲座，而是未婚者谋求在地方上的生存之地，能够轻松地参与地方活动的组织。

举个例子，一般来说，少年棒球队的教练是由队中孩子的父亲担任的。但是如果未婚男子有棒球技术与知识的话，也可以担任教练。

并且，在时间充裕时，未婚男性也可以帮助地方上的父母育儿。最近有很多地方都在扩展育儿支援活动。所谓育儿支援，是指为了减少育儿家庭的负担，将孩子接来寄存在自己家的一种制度。

我们稍作考虑便能知道，未婚男子可以对地方做出贡献的手段不计其数。问题在于，这么做不是出于本人的意愿，而是受益方的意愿。肯定会有未婚者认为，这种事不该交给未婚者去做。

如果未婚者能够开心地去做，那完全没有问题。但是很遗憾，现在对于未婚者，社会上还有一种根深蒂固的偏见。如果你到了中老年还未婚并对此觉得愧疚，那绝不是你的错觉。

只要未婚人士心地善良，继续参加此类活动也没有问题，也不会给别人带来困扰。如果中途改变想法，只要有好的对象，结婚就行了。没有必要被未婚者的印象所束缚，产生不自由的想法。

将工作与虚荣割裂

男性为了从工作一边倒的生存方式中跳出来，首先自己应该冷静下来，不再虚荣。有很多男性做不到这一点，因此到现在为止，我试着从工作、结婚、价值观等视角去尝试说服他们。因此对于必须进行男性意识改革的主张，大家可以明白它的价值了吧。

但是，男性以工作为重，不只是他们意识上的问题。如果整个社会继续这样看待男性，男性就只能过以工作为中心的生活。

对成年男性的评价，基本上由工作上的业绩与地位决定。如果在全职工作的基础上，男人们可以分担家务与育儿的话，那么每个人都能安心当个奶爸。

如果对男性的评价单纯由参与家务和育儿的时间长短决定，那么主夫就会变成现代理想的男性形象了吧。但我从没听说过这样的故事。

在有名的公司工作，从事社会地位高的职业，这样的男性总会给人一种很了不起的感觉。可是我们不知道他们的人格如何，实际上他们可能并没承担任何地方及家庭中的责任。

当然，我们不能妄下断言。或许真的会有能处理好一切的超人吧。但是我们必须确定，我们是否创造出了一种土壤，令我们产生了只工作就可以了的错觉。

我们再给这个观点加上一条，竞争的结果肯定有运气和偶然的成分在。就算我们努力减少这个因素，也不可能完全消灭它。

如果现在你处于较高的社会地位，即使回到过去，再次投入竞争，也是可以再次取胜的吧。基于这个事实，我希望大家可以考虑到竞争结果中产生的差距，能否控制在大家都能接受的范围内。

从根本上重新审视工作方式

日本社会的组织，是以男性全职工作为前提成立的。因此为了解决长时间劳动、家务、育儿等问题，很明显，我们需要重新审视工作方式，但是确定从哪里开始下手却十分困难。采取其他做法，可能会造成比现在还差的状况。

为了让年轻人安心结婚、抚养孩子，需要让他们安定地就业。此时有人会产生这样一种想法：裁掉高收入的中老年男性，多雇些年轻人。

例如，可以裁掉一个年薪600万日元的男性，雇两个年薪300万的年轻人。年轻人可以长时间为自己工作，其中有很多人语言和电脑技术的能力很高，对企业来说这是优点。但是如果这样做，肯定会造成混乱的。

中老年男性的收入，基本上要用来支付家人的生活费、教育费、房贷。他们的失业会让全家人流落街头。我很明白这种全家只靠一个人的收入过活的风险。

因此如果继续雇用中老年男性，会让年轻人吃亏。无法安定就业，收入很低时，在老家生活是最好的选择。但是总有一天我们不能再靠父母的钱生活。

现在有种观点是，就算收入再低，只要夫妻两人都工作，就可以维持生活。只要两人各赚250万日元，一个家庭就能挣500万日元，和年收入500万日元的上班族加专业主妇家庭收入相当。

这时候要想解决问题，只要解决确保就业稳定性的课题就可以了。但是现在社会环境并没有整顿好，还不能让女性在生产后回到原来的工作岗位。有很多孩子是等待入园的“待机儿童”①，他们的父母能否继续工作也成问题。

我们同样很难无视那些身处议论中的未婚者。两个人可以共同工作、生活，那单独生活的人应该怎么办呢？这种问题也会发生在单亲家庭中。

世界上没有能一气解决这些疑难问题的方法。我只能祈祷，人们对男性工作方式的重新审视，不会引起一时兴起的讨论热潮，比如，“只要做到这三点就没问题了！”

---

① 指因父母工作或者疾病等原因符合保育园入园条件，却无法入园的儿童。

我可以确定，创造出只靠男性的工作环境，并以此为中心建立社会的做法，遭到了报应。让我们一起分享这个问题意识，并进行认真的讨论吧。

正确主张无法拯救世界

工作也好，家庭也好，人生真是充满了种种烦恼。人们一直认为，男性在痛苦的时候不能示弱，有问题也不能直视它，就应当工作到退休。“生活之难”这个关键词终于出现了，它可以暴露男性所面临的问题，我们也能对此进行讨论。

对于这种走向，大家会觉得，执着于“男子气概”的中老年男性很可怜，很无聊。如果把囚禁于“男子气概”的男性讲进段子里取笑，可能会对事态火上浇油。

我很担心，会有越来越多的人借由抨击中老年男性落伍了来满足自尊心。如果问这种人为什么要开玩笑，他们会说，是因为这样比较有趣。

双方各自用满满的理论将自己武装起来，用各自认为的正确主张，相互碰撞产生火花，双方互不相让，只不过是徒劳无功罢了，他们都无法改变这个社会。另外开玩笑有拉开双方的力量，能令大家互相谦让。因此将“认真开玩笑”当作目标的讨论持续到了现在。

完全将男性从“男子气概”中解放出来有些困难，如果能像一下子剥好蛋壳一样从“男子气概”中解脱出来的话，估计大家都不会感到“活着真难”。

各位别想得太多，与“普通男性”保持距离吧。

男性的问题堆积如山。我希望至少能够解决其中一个。对于这些问题，大家不是只展示出暂时的关心，而是要不断进行讨论，这样，不论男女，大家都能过上自由的生活。

结　语

2012年曾发生过一起事故，中央自动车道笹子隧道的天花板掉落下来，导致九人死亡。在不断进行开发的经济高速增长期，有很多工程不得不缩短工期，就这么在隧道的天花板部分留下空洞。笹子隧道的事故就是因此发生的。

当我听到隧道崩塌的新闻时，就将它和男性生存方式问题放在了一起。在经济高速增长期中，我们想当然地认为，“普通男性”要全职工作以养家糊口。

正因为有终身雇佣与年功序列工资制度做后盾，“普通男性”才能成为一家支柱，支撑家庭。反过来说，如果经济增长停止，“普通男性”这个词语会脆弱到立刻不再流行。

借这次事故，政府对建设于经济高速成长期的隧道一一进行了检查。但“普通男性”却没得到特别检查，就这么延续到了现在。与有物理性质实体的隧道不同，形象的崩毁是不会被看到的。因此，过时男性形象被保留在了社会中。

就算我们明白这个道理，在实际生活中，找到以工作为中心之外的生存方式还是非常难的。作为一名中年男性，关于心理屏障，我认为是伴随着对退出竞争的恐惧感的。

试着用语言表达出自己感受到的恐惧非常重要。然而现状是，并没有除工作经验与业绩以外评价男性的标准。这不单纯是我个人的想法，很多男性都与我有相同的看法。

如果有男性能以本书作为契机，坦率地表现自己的想法，我将无比开心。因为要解决“男性问题”的话，需要当事人正视问题，进行自我的挑战。

如果能有女性开始关心并且尝试理解“男性问题”，我会更加喜出望外。为了相互理解，建立更好的关系，请你们一定要使用在本书中获得的知识。

最后，我想引用我喜欢的社会学者彼得·伯格在《与社会学同游》中所说的一句话：

> 我们与布偶不同，我们可以停止动作或者开始动作。这个行为正是迈向自由的第一步。

我相信我们有迈向自由的可能性，并在今后我也将继续努力下去，钻研有素。谢谢各位能读完这本书。

图书在版编目（CIP）数据

男人这种人：在绝望中寻找希望的男性学 /（日）田中俊之著；张秋旻译．—厦门：鹭江出版社，2017.9

ISBN 978-7-5459-1376-7

Ⅰ．①男…　Ⅱ．①田…　②张…　Ⅲ．①男性－成功心理－通俗读物　Ⅳ．① B848.4-49

中国版本图书馆 CIP 数据核字（2017）第 148907 号

著作权合同登记号
图字：13-2017-045号

NANREN ZHEZHONG REN: ZAI JUEWANG ZHONG XUNZHAO XIWANG DE NANXINGXUE

男人这种人：在绝望中寻找希望的男性学

［日］田中俊之 著

张秋旻 译

出版发行： 海峡出版发行集团
鹭　江　出　版　社

地　　址： 厦门市湖明路 22 号　　**邮政编码：** 361004

印　　刷： 北京市十月印刷有限公司

地　　址： 北京市通州区马驹桥北门口民族工业园 9 号　　**邮政编码：** 101102

开　　本： 787mm × 1092mm　1/32

插　　页： 4

印　　张： 7.25

字　　数： 115 千字

版　　次： 2017 年 9 月第 1 版　2017 年 9 月第 1 次印刷

书　　号： ISBN 978-7-5459-1376-7

定　　价： 35.00 元
